U0156669

张元勇/编著

TensorFlow Lite
移动设备深度学习
从入门到实践

清华大学出版社

北 京

内 容 简 介

本书循序渐进地讲解了使用 TensorFlow Lite 开发移动设备深度学习程序的核心知识,并通过具体实例的实现过程演练了使用 TensorFlow Lite 的方法和流程。全书共 12 章,分别讲解了人工智能和机器学习基础、搭建开发环境、第一个 TensorFlow Lite 程序、转换模型、推断、使用元数据进行推断、优化处理、手写数字识别器、鲜花识别系统、情感文本识别系统、物体检测识别系统、智能客服系统。

本书简洁而不失其技术深度,内容丰富全面,易于阅读,以极简的文字介绍了复杂的案例,适用于已经了解了 Python 语言基础语法的读者,以及想进一步学习机器学习和深度学习技术的读者,还可以作为大专院校相关专业的师生用书和培训学校的专业性教材。

本书封面贴有清华大学出版社防伪标签,无标签者不得销售。

版权所有,侵权必究。举报:010-62782989,beiqinquan@tup.tsinghua.edu.cn。

图书在版编目(CIP)数据

TensorFlow Lite 移动设备深度学习从入门到实践 / 张元勇编著 . —北京:清华大学出版社,2022.3
ISBN 978-7-302-59947-0

Ⅰ.① T…　Ⅱ.①张…　Ⅲ.①机器学习　Ⅳ.① TP181

中国版本图书馆 CIP 数据核字 (2022) 第 021204 号

责任编辑: 魏　莹
封面设计: 李　坤
责任校对: 李玉茹
责任印制: 杨　艳

出版发行: 清华大学出版社
　　　　　 网　　　址:http://www.tup.com.cn,http://www.wqbook.com
　　　　　 地　　　址:北京清华大学学研大厦 A 座　　　　邮　　编:100084
　　　　　 社 总 机:010-83470000　　　　　　　　　　邮　　购:010-62786544
　　　　　 投稿与读者服务:010-62776969,c-service@tup.tsinghua.edu.cn
　　　　　 质 量 反 馈:010-62772015,zhiliang@tup.tsinghua.edu.cn
印 装 者: 天津鑫丰华印务有限公司
经　　销: 全国新华书店
开　　本: 185mm×230mm　　**印　　张:** 14.5　　**字　　数:** 352 千字
版　　次: 2022 年 3 月第 1 版　　**印　　次:** 2022 年 3 月第 1 次印刷
定　　价: 69.00 元

产品编号:094387-01

前言

人工智能就是我们平常所说的 AI，全称是 Artificial Intelligence。人工智能是研究、开发用于模拟、延伸和扩展人类智能的理论、方法、技术及应用系统的一门新的技术学科。TensorFlow Lite 是一种用于设备端推断的开源深度学习框架，可帮助开发者在移动设备、嵌入式设备和 IoT 设备上运行 TensorFlow 模型。也就是说，利用 TensorFlow Lite，我们可以开发出能够在 Android 设备、iOS 设备和 IoT 设备上使用的深度学习程序。

本 书 特 色

1. 内容全面
本书详细讲解了使用 TensorFlow Lite 开发人工智能程序的技术知识，循序渐进地讲解了这些技术的使用方法和技巧，以帮助读者快速步入 Python 人工智能开发的高手之列。

2. 实例驱动教学
本书采用理论加实例的教学方式，通过对这些实例的知识点进行横向切入和纵向比较，让读者有更多的实践演练机会，并且可以从不同的方位展现一个知识点的用法，真正实现了拔高的教学效果。

3. 详细介绍 TensorFlow Lite 开发的流程
本书从一开始便注重对 TensorFlow Lite 开发的流程进行详细介绍，而且在讲解中结合了多个实用性很强的数据分析案例，带领读者掌握 TensorFlow Lite 开发的相关知识，以解决实际工作中的问题。

4. 扫描二维码，获取配书学习资源
本书正文中每个二级标题后都放了一个二维码，读者可通过扫描二维码在线观看视频讲解，其中既包括实例讲解，也包括教程讲解。此外，读者还可以扫描右侧二维码获取书中案例源代码。

扫码下载全书源代码

本 书 内 容

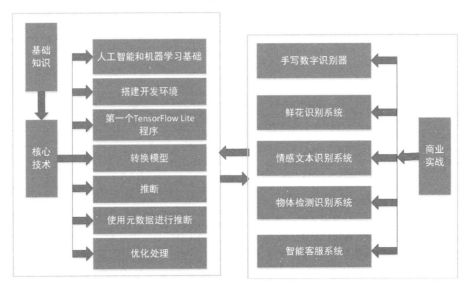

本书读者对象

- 软件工程师；
- Python 语言初学者和自学者；
- 机器学习开发人员；
- 数据库工程师和管理员；
- 研发工程师；
- 大学及中学教育工作者。

致 谢

本书在编写过程中，得到了清华大学出版社编辑的大力支持，正是各位专业人士求实、耐心和高效地工作，才使得本书能够在这么短的时间内出版。另外，也十分感谢我的家人给予的大力支持。本人水平毕竟有限，书中存在纰漏之处在所难免，恳请广大读者提出宝贵的意见或建议，以便修订并使之更臻完善。

最后感谢您购买本书，希望本书能成为您编程路上的领航者，祝您阅读愉快！

编 者

目录

add back the deselected mirror modifier object
or_ob.select= 1
ifier_ob.select-1
.context.scene.objects.active = modifier_ob
t("Selected" + str(modifier_ob)) # modifier ob is the active ob
#mirror_ob.select = 0
= bpy.context.selected_objects[0]
.data.objects[one.name].select = 1

print("please select exactly two objects, the last one gets the modifier unless

------ OPERATOR CLASSES ------

第 1 章

人工智能和机器
学习基础

　　近年来，随着人工智能技术的飞速发展，机器学习和深度学习技术已经摆在了人们的面前，一时间成为程序员们的学习热点。在本章的内容中，将详细介绍人工智能的基础知识，讲解和人工智能、机器学习、深度学习相关的概念，为读者步入本书后面知识的学习打下基础。

1.1　人工智能的基础知识

本节将简要介绍人工智能技术的基本知识。

扫码观看本节视频讲解

1.1.1　人工智能介绍

自从机器诞生以来，聪明的人类就开始试图让机器具有智能，也就是人工智能。人工智能是一门极富挑战性的学科，从事这项工作的人必须懂得计算机知识、心理学和哲学。人工智能涉及不同的领域，如机器学习、计算机视觉等，总的说来，人工智能研究的一个主要目标是使机器能够胜任一些通常需要人类智能才能完成的复杂工作。

人工智能不是一个非常庞大的概念，单从字面上理解，应该理解为人类创造的智能。那么什么是智能呢？如果人类创造了一个机器人，这个机器人能有像人类一样甚至超过人类的推理、知识、学习、感知处理等这些能力，那么就可以将这个机器人称之为一个有智能的物体，也就是人工智能。

现在通常将人工智能分为弱人工智能和强人工智能。我们看到电影里的一些人工智能大部分都是强人工智能，它们能像人类一样思考如何处理问题，甚至能在一定程度上做出比人类更好的决定，它们能自适应周围的环境，解决一些程序中没有遇到的突发事件。但是在目前的现实世界中，大部分人工智能只是实现了弱人工智能，只能够让机器具备观察和感知的能力，在经过一定的训练后能计算一些人类不能计算的事情，但是它并没有自适应能力，也就是说，它不会处理突发的情况，只能处理程序中已经写好的、已经预测到的事情。

1.1.2　人工智能的发展历程

1950 年，一位名叫马文·明斯基（人工智能之父）的大四学生与他的同学邓恩·埃德蒙一起，建造了世界上第一台神经网络计算机。同样是在 1950 年，被称为"计算机之父"的阿兰·图灵提出了一个举世瞩目的想法：图灵测试。按照图灵的设想：如果一台机器能够与人类开展对话而不能被辨别出机器身份，那么这台机器就具有智能。而就在这一年，图灵还大胆预言了真正具备智能的机器的可行性。

20 世纪 70 年代，人工智能步入了一段艰难险阻的岁月。对于人工智能方面的研究，由于科研人员对于难度估量过低和缺乏经费的原因，导致与美国国防高级研究计划署的合作计划失败，社会舆论的压力也开始慢慢压向人工智能这边，导致很多研究经费被转移到其他项目上，这也让大家对人工智能的前景比较担忧。

人工智能产业面临衰落，但科技并不会因外界因素而停止发展，直至 20 世纪 80 年代初期，人工智能产业开始崛起。从 20 世纪 90 年代中期开始，随着 AI 技术尤其是神经网络技术的逐步发展，以及人们对 AI 开始抱有客观理性的认知，人工智能技术开始进入平稳发展时期。1997 年 5 月 11 日，IBM 的计算机系统"深蓝"战胜了国际象棋世界冠军卡斯帕罗夫，又一次在公众领域引发了现象级的 AI 话题讨论。这是人工智能发展的一个重要里程碑。

2006 年，杰弗里·辛顿在神经网络的深度学习领域取得突破，人类又一次看到机器赶超人类的希望，这也是标志性的技术进步。紧接着谷歌（Google）、微软、百度等互联网巨头，还有众多的初创科技公司，纷纷加入人工智能产品的战场，掀起又一轮的智能化狂潮。

2016 年，谷歌公司的 AlphaGo 战胜韩国棋手李世石，再度引发 AI 热潮。

1.1.3 人工智能的两个重要发展阶段

1. 推理期

20 世纪 50 年代，人工智能的发展经历了"推理期"，即通过赋予机器逻辑推理能力使机器获得智能。当时的 AI 程序能够证明一些著名的数学定理，但由于机器缺乏知识，远不能实现真正的智能。

2. 知识期

20 世纪 70 年代，人工智能的发展进入"知识期"，即将人类的知识总结出来教给机器，使机器获得智能。在这一时期，大量的专家系统问世，在很多领域取得大量成果，但由于人类知识量巨大，故出现"知识工程瓶颈"。

1.1.4 和人工智能相关的几个重要概念

1. 监督学习

监督学习的任务是学习一个模型，这个模型可以处理任意的一个输入，并且针对每个输入都可以映射输出一个预测结果。这里的模型就相当于我们数学中的一个函数，输入就相当于数学中的 X，而预测的结果就相当于数学中的 Y。对于每一个 X，我们都可以通过一个映射函数映射出一个结果。

2. 非监督学习

非监督学习是指直接对没有标记的训练数据进行建模学习，注意在这里的数据是没有标记的数据，与监督学习最基本的区别是建模的数据一个有标签，一个没有标签。例如，聚类（将物理或抽象对象的集合分成由类似的对象组成的多个类的过程被称为聚类）是一种典型的非监督学习，而分类是一种典型的监督学习。

3. 半监督学习

当我们拥有标记的数据很少，未被标记的数据很多，但是人工标注又比较费时的时候，可以根据一些条件（查询算法）查询（Query）一些数据，让专家进行标记。这是半监督学习与其他算法的本质区别。所以说对主动学习的研究主要是设计一种框架模型，运用新的查询算法查询需要专家来确认标注的数据。最后用查询到的样本训练分类模型提高模型的精确度。

4. 主动学习

当使用一些传统的监督学习方法做分类处理的时候，通常是训练样本的规模越大，分类的效果就越好。但是在现实生活的很多场景中，标记样本的获取是比较困难的，这需要领域内的专家进行人工标注，所花费的时间成本和经济成本都是很大的。而且，如果训练样本的规模过于庞大，训练的时间花费也会比较多。那么问题来了：有没有一种有效办法，能够使用较少的训练样本来获得性能较好的分类器呢？主动学习（Active Learning）为我们提供了这种可能。主动学习通过一定的算法查询最有用的未标记样本，并交由专家进行标记，然后用查询到的样本训练分类模型来提高模型的精确度。

在人类的学习过程中，通常利用已有的经验来学习新的知识，又依靠获得的知识来总结和积累经验，经验与知识不断交互。同样，机器学习模拟人类学习的过程，利用已有的知识训练出模型去获取新的知识，并通过不断积累的信息去修正模型，以得到更加准确、有用的新模型。不同于被动学习被动地接受知识，主动学习能够选择性地获取知识。

1.2　机器学习的基础知识

在人工智能的两个发展阶段中，无论是"推理期"还是"知识期"，都会存在如下两个缺点。

（1）机器都是按照人类设定的规则和总结的知识运作，永远无法超越其创造者：人类。

扫码观看本节视频讲解

（2）人力成本太高，需要专业人才进行具体实现。

基于上述两个缺点，人工智能技术的发展出现了一个瓶颈期。为了突破这个瓶颈期，一些权威学者就想到，如果机器能够自我学习的话，问题不就迎刃而解了吗？此时机器学习（Machine Learning，ML）技术便应运而生，人工智能开始进入"机器学习"时代。在本节的内容中，将简要介绍机器学习的基本知识。

1.2.1　机器学习介绍

机器学习是一门多领域交叉学科，涉及概率论、统计学、逼近论、凸分析、算法复杂度理论等多门学科。机器学习专门研究计算机怎样模拟或实现人类的学习行为，以获取新的知识或技能，重新组织已有的知识结构使之不断改善自身的性能。

机器学习是一类算法的总称，这些算法企图从大量历史数据中挖掘出其中隐含的规律，并用于预测或者分类，更具体地说，机器学习可以看作是寻找一个函数，输入是样本数据，输出是期望的结果，只是这个函数过于复杂，以至于不太方便形式化表达。需要注意的是，机器学习的目标是使学到的函数很好地适用于"新样本"，而不仅仅是在训练样本上表现很好。学到的函数适用于新样本的能力，称为泛化（Generalization）能力。

机器学习有一个显著的特点，也是机器学习最基本的做法，就是使用一个算法从大量的数据中解析并得到有用的信息，并从中学习，然后对之后真实世界中会发生的事情进行预测或作出判断。机器学习需要海量的数据来进行训练，并从这些数据中得到有用的信息，然后反馈到真实世界的用户中。

我们可以用一个简单的例子来说明机器学习，假设在淘宝或京东购物的时候，天猫和京东会向我们推送商品信息，这些推荐的商品往往是我们很感兴趣的东西，这个过程是通过机器学习完成的。其实这些推送商品是京东和天猫根据我们以前的购物订单和经常浏览的商品记录而得出的结论。

1.2.2　机器学习的三个发展阶段

机器学习是人工智能的核心，是使计算机具有智能的根本途径，其应用遍及人工智能的各个领域，它主要使用归纳、综合，而不是演绎。机器学习的发展分为如下三个阶段。

- 20世纪80年代，连接主义较为流行，代表工作有感知机（Perceptron）和神经网络（Neural Network）。
- 20世纪90年代，统计学习方法开始占据主流舞台，代表性方法有支持向量机（Support Vector Machine）。
- 21世纪初，深度神经网络技术被提出，连接主义卷土重来，随着数据量和计算能力的不断提升，以深度学习（Deep Learning）为基础的诸多AI应用逐渐成熟。

1.2.3　机器学习的分类

根据不同的划分角度，可以将机器学习划分为多种不同的类型。

1. 按任务类型划分
机器学习模型可以分为回归模型、分类模型和结构化学习模型，具体说明如下。
- 回归模型：又叫预测模型，输出是一个不能枚举的数值。
- 分类模型：又分为二分类模型和多分类模型，常见的二分类问题有垃圾邮件过滤，常见的多分类问题有文档自动归类。
- 结构化学习模型：此类型的输出不再是一个固定长度的值，如图片语义分析，其输出是图片的文字描述。

2. 从方法的角度划分
机器学习可以分为线性模型和非线性模型，具体说明如下。
- 线性模型：虽然比较简单，但是其作用不可忽视，线性模型是非线性模型的基础，很多非线性模型都是在线性模型的基础上变换而来的。
- 非线性模型：又可以分为传统机器学习模型（如SVM、KNN、决策树等）和深度学习模型。

3. 按照学习理论划分
机器学习模型可以分为有监督学习、半监督学习、无监督学习、迁移学习和强化学习，具体说明如下。
- 当训练样本带有标签时是有监督学习。
- 训练样本部分有标签，部分无标签时是半监督学习。
- 训练样本全部无标签时是无监督学习。
- 迁移学习就是把已经训练好的模型参数迁移到新的模型上以帮助新模型训练。
- 强化学习是一个学习最优策略（Policy），可以让本体（Agent）在特定环境（Environment）中，根据当前状态（State）做出行动（Action），从而获得最大回报（Reward）。强化学习和有监督学习最大的不同是，每次的决定没有对与错，而是希望获得最多的累计奖励。

1.2.4　深度学习和机器学习的对比

前面介绍的机器学习是一种实现人工智能的方法，深度学习是一种实现机器学习的技术。深度学习本来并不是一种独立的学习方法，其本身也会用到有监督和无监督的学习方法来训练深度神经网络。但由于近几年该领域发展迅猛，一些特有的学习手段相继被提出（如残差网络），因此越来越多的人将其单独看作一种学习的方法。

假设我们需要识别某个照片是狗还是猫，如果是传统机器学习的方法，会首先定义一些特征，如有没有胡须、耳朵、鼻子、嘴巴的模样等。总之，我们首先要确定相应的"面部特征"作为我们的机器学习的特征，以此来对我们的对象进行分类识别。深度学习的方法则更进一步，它会自动地找出这个分类问题所需要的重要特征，而传统机器学习则需要我们人工地给出特征。那么，深度学习是如何做到这一点的呢？继续以猫、狗识别的例子进行说明，按照以下步骤操作。

（1）确定出有哪些边和角跟识别出猫狗关系最大。

（2）根据上一步找出的很多小元素（边、角等）构建层级网络，找出它们之间的各种组合。

（3）在构建层级网络之后，就可以确定哪些组合可以识别出猫和狗。

⚠ **注 意** 其实深度学习并不是一个独立的算法，在训练神经网络的时候也通常会用到监督学习和无监督学习。但是由于一些独特的学习方法被提出，把它看成是单独的一种学习的算法也没什么问题。深度学习可以大致理解成包含多个隐含层的神经网络结构，深度学习中的"深"字指的就是隐藏层的深度。

在机器学习方法中，几乎所有的特征都需要通过行业专家来确定，然后人工就特征进行编码，而深度学习算法会自己从数据中学习特征。这也是深度学习十分引人注目的一点，毕竟特征工程是一项十分烦琐、耗费很多人力物力的工作，深度学习的出现大大减少了发现特征的成本。

在解决问题时，传统机器学习算法通常先把问题分成几块，一个个地解决好之后，再重新组合起来。但是深度学习则是一次性地、端到端地解决。假如存在一个任务：识别出在某图片中有哪些物体，并找出它们的位置。

传统机器学习的做法是把问题分为两步：发现物体和识别物体。首先，我们有几个物体边缘的盒型检测算法，把所有可能的物体都框出来。然后，再使用物体识别算法，识别出这些物体中分别是什么。图 1-1 是一个机器学习识别的例子。

图 1-1　机器学习的识别

但是深度学习不同，它会直接在图片中把对应的物体识别出来，同时还能标明对应物体的名字。这样就可以做到实时的物体识别，例如 YOLO net 可以在视频中实时识别物体，图 1-2 是 YOLO 在视频中实现深度学习识别的例子。

图 1-2　深度学习的识别

⚠ 注 意　人工智能、机器学习、深度学习三者的关系

机器学习是实现人工智能的方法，深度学习是一种机器学习算法，也是一种实现机器学习的技术和学习方法。

1.3　人工智能的研究领域和应用场景

在本节的内容中，将对人工智能的研究领域和应用场景进行讲解，为读者步入本书后面知识的学习打下基础。

扫码观看本节视频讲解

1.3.1　人工智能的研究领域

人工智能的研究领域主要有五层，具体如图 1-3 所示。

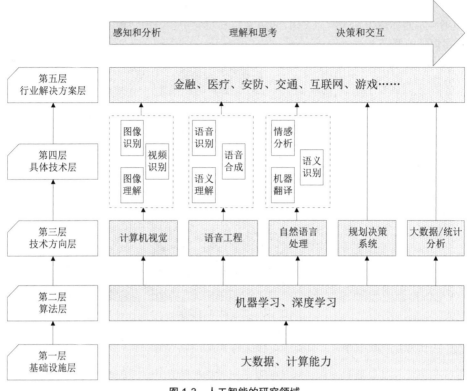

图 1-3　人工智能的研究领域

在图 1-3 所示的分层中，从下往上的具体说明如下。

第一层：基础设施层，包含大数据和计算能力（硬件配置）两部分，数据越多，人工智能的能力越强。

第二层：算法层，例如卷积神经网络、LSTM 序列学习、Q-Learning 和深度学习等都是机器学习的算法。

第三层：技术方向层，例如计算机视觉、语音工程和自然语言处理等。另外，还有规划决策系统，例如 Reinforcement Learning（增强学习）和类似于大数据分析的统计系统，这些都能在机器学习算法上产生。

第四层：具体技术层，例如图像识别、语音识别、语义理解、视频识别、机器翻译等。

第五层：行业解决方案层，例如人工智能在金融、医疗、互联网、安防、交通和游戏等领域的应用。

1.3.2　人工智能的应用场景

1. 计算机视觉

在 2000 年左右，人们通过机器学习用人工特征实现了较好的计算机视觉系统，如车牌识别、安防、人脸识别等技术。而深度学习则逐渐运用机器代替人工来学习特征，扩大了其应用场景，例如，无人汽车和电商服务等领域。

2. 语音技术

在 2010 年后，深度学习的广泛应用使语音识别的准确率大幅提升，像 Siri、Voice Search 和 Echo 等，可以实现不同语言间的交流，录一段语音，随之将其翻译为另一种文字。再如智能助手，我们可以对手机说一段话，它能帮助你完成一些任务。与图像识别相比，自然语言更难、更复杂，不仅需要认知，而且还需要理解。

3. 自然语言处理

目前人工智能一个比较重大的突破是机器翻译，这大大提高了原来的机器翻译水平。举个例子，谷歌的 Translation 系统，是人工智能的一个标杆性事件。在 2010 年左右，IBM 的 Watson 系统在一档综艺节目上，和人类冠军进行自然语言的问答并获胜，代表了计算机能力的显著提高。

4. 决策系统

决策系统的发展随着棋类问题的解决而不断提升，从 20 世纪 80 年代西洋跳棋开始，到 90 年代的国际象棋对弈，机器的胜利标志着科技的进步，决策系统可以在自动化、量化投资等系统上广泛应用。

5. 大数据应用

人工智能可以通过你之前看到的文章，理解你所喜欢的内容而进行更精准的推荐；也可以分析各个股票的行情，进行量化交易；还可以分析所有客户的一些喜好而进行精准的营销等。机器能够通过一系列的数据进行判别，找出最适合的一些策略后反馈给我们。

1.3.3 人工智能的未来目标

按照具体应用领域进行分析，人工智能的未来目标如下。

1. 计算机视觉领域

未来的人工智能应更加注重效果的优化，加强计算机视觉在不同场景、问题上的应用。

2. 语音识别领域

当前的语音识别虽然在特定的场景（安静的环境）下，已经能够得到和人类相似的水平。但在噪声情景下仍有挑战，如原场识别、口语、方言等长尾内容。未来需增强计算能力、提高数据量和提升算法等来解决这个问题。

3. 自然语言处理领域

机器的优势在于拥有更多的记忆能力，但欠缺语义理解能力，包括对口语不规范的用语识别和认知等。人说话时，是与物理事件学相联系的，比如一个人说电脑，人知道这个电脑意味着什么，或者它能够干些什么，而在自然语言里，它仅仅将"电脑"作为一个孤立的词，不会产生类似的联想，自然语言的联想只是通过在文本上和其他所共现的一些词的联想，并不是物理事件里的联想。所以要真正解决自然语言的问题，将来需要建立从文本到物理事件的一个映射，但目前仍没有很好的解决方法。因此，这是未来着重考虑的一个研究方向。

4. 决策系统领域

在决策系统领域存在两个问题：一是不通用，即学习知识的不可迁移性，如用一个方法学了下围棋，不能直接将该方法转移到下象棋中；二是大量模拟数据。所以它有两个目标，一个是算法的提升，如何解决数据稀少或怎么自动产生模拟数据的问题，另一个是自适应能力，当数据发生变化的时候，它能够去适应变化，而不是能力有所下降。

⚠️ **注意** 上述未来目标的实现时间不确定，也许是下一个 3 年、5 年或 10 年才能解决。

1.4　学习机器学习的步骤

扫码观看本节视频讲解

对于开发人员来说，学习机器学习主要是学习一类算法的过程，这些算法的目的是从大量历史数据中挖掘出其中隐含的规律，并用于预测或者分类。更具体一点说，可以将机器学习看作是寻找一个合适函数的过程，我们对这个函数的描述是：

我们输入的是样本数据，通过这个函数输出期望的结果。

只是这个函数的事项过于复杂，不太容易形式化地将这个函数的具体语法格式表示出来。机器学习要想学好一个合适的函数，主要通过以下 4 个步骤来实现。

（1）选择一个合适的模型，这通常需要依据实际问题而定，针对不同的问题和任务需要选取恰当的模型（模型就是一组函数的集合）。

（2）判断一个函数的好坏，这需要确定一个衡量标准，也就是我们通常所说的损失函数（Loss Function），损失函数的确定也需要依据具体问题而定，如回归问题一般采用欧式距离，分类问题一般采用交叉熵代价函数。

（3）找出"最好"的函数，这一步最大的难点是如何从众多函数中最快地找出"最好"的那一个。

（4）在得到并学习完"最好"的函数后，需要在新样本上进行测试，只有在新样本上表现很好，才能算作是一个"好"的函数。

1.5　使用 Python 学习人工智能开发

扫码观看本节视频讲解

Python 语言和人工智能的发展是相辅相成的。近几年人工智能的快速发展，也促进了 Python 语言的飞速发展，使其成为世界上使用最多的开发语言之一。

◯ 1.5.1　Python 在人工智能方面的优势

在开发人工智能程序方面，Python 语言拥有如下优势。

1. 更加人性化的设计

Python 的设计更加人性化，具有快速、坚固、可移植、可扩展等特点，这些特点十分适合人工智能。并且内置了很多强大的库，可以轻松实现更强大的功能。

2. 拥有很多 AI（人工智能）库，包括机器学习库

Python 可以使用很多已经存在的人工智能库，也同样拥有很多可用的机器学习库，这些库的功能非常强大，可以提高开发效率。Python 语言可用的人工智能库的数量最多，这是其他语言所不能比拟的。

3. 强大的自然语言和文本处理库

Python 具有丰富而强大的自然语言处理库和文本处理库，能够将其他语言制作的各种模块很轻松地联结在一起，Python 编程对人工智能是一门非常有用的语言。可以说人工智能和 Python 是紧密相连的。

4. 可移植、可扩展

Python 语言的设计非常好，具有快速、坚固、可移植和可扩展等特点。很明显，这些特点对于人工智能应用来说都是非常重要的因素。

1.5.2　常用的 Python 库

在使用 Python 语言开发人工智能程序时，可以使用人工智能库快速实现我们需要的功能。这些库的功能十分强大，大大提高了开发效率。

1. 数据处理库

1）Numpy 库

Numpy 是构建科学计算代码集的最基础的库，提供了许多用 Python 进行 N 维数组和矩阵操作的功能。Numpy 库提供了 Numpy 数组类型的数学运算向量化，可以改善性能，从而加快执行速度。

2）Scipy 库

Scipy 包含致力于科学计算中常见问题的各个工具箱，其不同子模块实现不同的应用，例如插值、积分、优化、图像处理、统计、特殊函数等。因为 Scipy 的主要功能是建立在 Numpy 基础之上的，所以它使用了大量的 Numpy 数组结构。Scipy 库通过其特定的子模块提供高效的数学运算功能，如数值积分、优化等。

3）Pandas 库

Pandas 是一个简单直观的应用于"带标记的"和"关系型的"数据的 Python 库，可以快速地进行数据操作、聚合和可视化操作。

4）MatPlotlib 库

MatPlotlib 是一个可以实现数据可视化图表的库。与之功能相似的库是 seaborn，并且 seaborn 是建立在 MatPlotlib 基础之上的。

2. 机器学习库

1）PyBrain 库

PyBrain 是一个灵活、简单而有效的针对机器学习任务的算法库，是模块化的 Python 机器学习库，并且提供了多种预定义好的环境来测试和比较算法。

2）PyML 库

PyML 库是一个用 Python 编写的双边框架，重点研究 SVM 和其他内核方法，支持 Linux 和 Mac OS。

3）Scikit-Learn 库

Scikit-Learn 库旨在提供简单而强大的解决方案，可以在不同的上下文中重用。机器学习作为科学和工程的一个多功能工具，Scikit-Learn 是 Python 的一个模块，集成了经典的机器学习的算法，这些算法是和 Python 科学包紧密联系在一起的。

4）MDP-Toolkit 库

MDP-Toolkit 是一个 Python 数据处理的框架，可以很容易地在其基础上进行扩展。MDP-Toolkit 还收集了监管学习和非监管学习算法和其他数据处理单元，可以组合成数据处理序列或者更复杂的前馈网络结构。在 MDP-Toolkit 中提供的算法是在不断地增加和升级的，包括信号处理方法（主成分分析、独立成分分析、慢特征分析）、流形学习方法（局部线性嵌入）、集中分类、概率方法（因子分析、RBM）、数据预处理方法等。

5）Crab 库

Crab 是基于 Python 语言开发的推荐库，实现了 item 和 user 的协同过滤功能，可以快速开发出 Python 推荐系统。

6）TensorFlow 库

TensorFlow 是当今最流行的机器学习库，是科技巨头谷歌推出的一个开源库，是目前市场上占有率最高的机器学习库。本书将以 TensorFlow 库为主题，来详细讲解使用 TensorFlow 库的知识。

1.6　TensorFlow 基础

TensorFlow 可以帮助我们开发和训练机器学习模型。

1.6.1　TensorFlow 介绍

扫码观看本节视频讲解

TensorFlow 是一个端到端开源机器学习平台。它拥有一个全面而灵活的生态系统，其中包含各种工具、库和社区资源，可助力研究人员推动先进机器学习技术的发展，并使开发者能够轻松地构建和部署由机器学习提供支持的应用。

TensorFlow 由谷歌人工智能团队谷歌大脑（Google Brain）负责开发和维护，拥有包括 TensorFlow Hub、TensorFlow Lite、TensorFlow Research Cloud 在内的多个项目以及各类应用程序接口（application programming interface，API）。自 2015 年 11 月 9 日起，TensorFlow 依据 Apache 2.0 协议开放源代码。

在机器学习框架领域，PyTorch、TensorFlow 已分别成为目前学术界和工业界使用最广泛的两大实力玩家，而紧随其后的 Keras、MXNet 等框架也由于其自身的独特性受到开发者的喜爱。截至 2020 年 8 月，主流机器学习库在 Github 网站的活跃度如图 1-4 所示。由此可见，在众多机器学习库中，本书将要讲解的 TensorFlow 最受开发者的欢迎，是当之无愧的机器学习第一库。

	TensorFlow	Keras	MXNet	PyTorch
star	148k	49.4k	18.9k	41.3k
folk	82.5k	18.5k	6.7k	10.8k
contributors	2692	864	828	1540

图 1-4　主流机器学习库的活跃度

1.6.2 TensorFlow 的优势

TensorFlow 是当前最受开发者欢迎的机器学习库，之所以能有现在的地位，主要原因有如下两点。

（1）"背靠大树好乘凉"，谷歌几乎在所有应用程序中都使用 TensorFlow 来实现机器学习。得益于谷歌在深度学习领域的影响力和强大的推广能力，TensorFlow 一经推出关注度就居高不下。

（2）TensorFlow 本身设计宏大，不仅可以为深度学习提供强力支持，而且灵活的数值计算核心也能广泛应用于其他涉及大量数学运算的科学领域。

除了上述两点之外，TensorFlow 的主要优点如下：

- 支持Python、JavaScript、C++、Java和Go、C#和Julia等多种编程语言；
- 灵活的架构支持多GPU、分布式训练，跨平台运行能力强；
- 自带TensorBoard组件，便于用户通过可视化技术实时监控观察训练过程；
- 官方文档非常详尽，可供开发者查询的资料众多；
- 开发者社区庞大，大量开发者活跃于此，可以共同学习，互相帮助，一起解决学习过程中的问题。

1.6.3 TensorFlow Lite 介绍

TensorFlow Lite 是一组工具，可帮助开发者在移动设备、嵌入式设备和 IoT 设备上运行 TensorFlow 模型。TensorFlow Lite 支持设备端机器学习推断，延迟较低，并且二进制文件很小。

TensorFlow Lite 允许开发者在多种设备上运行 TensorFlow 模型。TensorFlow 模型是一种数据结构，这种数据结构包含了在解决一个特定问题时，训练得到的机器学习网络的逻辑和知识。

在实际开发过程中，可以通过多种方式获得 TensorFlow 模型，从使用预训练模型（pre-trained models）到训练自己的模型。为了在 TensorFlow Lite 中使用模型，模型必须转换成一种特殊格式。

n at the end -add back the deselected mirror modifier object
r ob.select= 1
fier_ob.select=1
context...objects.active = modifier_ob
t("Selected" + str(modifier_ob)) # modifier ob is the active ob
#mirror ob.select = 0
= bpy.context.selected_objects[0]
.data.objects[one.name].select = 1

print("please select exactly two objects, the last one gets the

OPERATOR CLASSES

第 2 章

搭建开发环境

　　经过第 1 章内容的学习，已经了解了人工智能和机器学习的基本概念，并且对 TensorFlow 库有了一个大致的了解。在使用 TensorFlow 库之前，必须在电脑中安装 TensorFlow。在本章的内容中，将和大家一起来探讨学习搭建 TensorFlow 开发环境的知识，为读者步入本书后面知识的学习打下基础。

2.1 安装环境要求

在安装并使用 TensorFlow 库之前，需要确保自己所用电脑的硬件配置和软件环境满足要求，在本节的内容中，将详细讲解学习 TensorFlow 开发所需要的环境要求。

扫码观看本节视频讲解

2.1.1 硬件要求

1. GPU（图形处理器，显卡）

机器学习和深度学习对电脑硬件的要求比较高，现在主流的深度学习都是通过多显卡计算来提升系统的计算能力。因为机器学习的核心计算都需要依托 GPU 进行，所以硬件要求的核心是显卡（GPU）。建议大家在采购电脑时，GPU 越大越好，尽量使用 12GB 以上的 GPU。

2. 内存

内存的大小要根据 CPU 的配置来购买，建议使用 16GB 以上的内存。

3. 硬盘

建议 SSD（固态硬盘）和 HDD（机械硬盘）结合使用，SSD 用作系统盘，HDD 用作仓储，SSD 至少 250GB，机械硬盘至少 1TB。

4. CPU

对 CPU 的主频要求比较高，对核心数的要求并不高。但是为了提高效率，还是越高越好。

⚠️ **注 意** 上面只是列出了对主要硬件的建议，大家可以根据自己的预算进行采购。如果要编写的机器学习项目太大，对硬件要求极高，可以考虑使用云服务器，例如阿里云等。

2.1.2 软件要求

在安装 TensorFlow 库之前，必须在电脑中安装好 Python。不同版本的 Python，对应需要下载安装的 TensorFlow 的版本也不同。在下载 TensorFlow 时，一定要下载正确的版本。例如，如果电脑中安装的是 Python 3.8，并且是 64 位的 Windows 10 操作系统，则只能安装适应于 Python 3.8 的并同时适应于 64 位 Windows 系统的 TensorFlow。

2.2 安装 TensorFlow

准备好硬件环境和软件环境后，接下来开始正式安装 TensorFlow。在本节的内容中，将详细讲解常用的几种安装 TensorFlow 的方法。

2.2.1 使用 pip 安装 TensorFlow

安装 TensorFlow 最简单的方法是使用 pip 命令，在使用这种安装方式时，无须考虑当前所使用的 Python 版本和操作系统的版本，pip 会自动安装适合当前 Python 版本和操作系统版本的 TensorFlow。在安装 Python 后，会自动安装 pip。

（1）在 Windows 系统中单击桌面左下角的![图标]图标，在弹出的界面中找到"命令提示符"图标，鼠标右键单击，在弹出的快捷菜单中依次选择"更多"→"以管理员身份运行"命令，如图 2-1 所示。

图 2-1 选择"以管理员身份运行"命令

（2）在弹出的"命令提示符"界面中输入如下命令即可安装 TensorFlow 库：

```
pip install TensorFlow
```

在输入上述 pip 安装命令后，会弹出下载并安装 TensorFlow 的界面，如图 2-2 所示。因为 TensorFlow 库的容量比较大，并且还需要安装相关的其他库，所以整个下载安装过程会比较慢，需要大家耐心等待，确保 TensorFlow 能够正确安装。

图 2-2 下载、安装 TensorFlow 界面

⚠️ **注 意** 使用 pip 命令安装的另外一大好处是，会自动安装适合的、当前最新版本的 TensorFlow。此处在"计算机"中安装的是 Python 3.8，并且是 64 位的 Windows 10 操作系统。通过图 2-2 可知，这时适合电脑的最新版本的安装文件是 tensorflow-2.3.1-cp38-cp38-win_amd64.whl。这个安装文件的名字中，各个字段的含义如下。

- tensorflow-2.3.1：表示TensorFlow的版本号是2.3.1。
- cp38：表示适用于Python 3.8版本。

● win_amd64：表示适用于64位的Windows操作系统。

在使用前面介绍的 pip 方式下载安装 TensorFlow 时，能够安装成功的一个关键因素是网速。如果网速过慢，可以考虑在百度中搜索 TensorFlow 下载包。目前最新版本的安装文件是 tensorflow-2.3.1-cp38-cp38-win_amd64.whl，因此可以在百度中搜索这个文件，然后下载。下载完成后保存到本地硬盘中，例如保存位置是 D:\tensorflow-2.3.1-cp38-cp38-win_amd64.whl，那么在"命令提示符"界面中定位到 D 盘根目录，然后运行如下命令就可以安装 TensorFlow，具体安装过程如图 2-3 所示。

```
pip install tensorflow-2.3.1-cp38-cp38-win_amd64.whl
```

图 2-3　在 Windows 10 的"命令提示符"界面中安装 TensorFlow

2.2.2　使用 Anaconda 安装 TensorFlow

使用 Anaconda 安装 TensorFlow 的方法和上面介绍的 pip 方式相似，具体流程如下。

（1）在Windows系统中单击桌面左下角的■图标，在弹出界面中找到Anaconda Powershell Prompt 选项，鼠标右键单击，在弹出的快捷菜单中依次选择"更多"→"以管理员身份运行"命令，如图2-4所示。

图 2-4 以管理员身份运行 Anaconda Powershell Prompt

（2）在弹出的"命令提示符"界面中输入如下命令即可安装 TensorFlow 库：

```
pip install TensorFlow
```

在输入上述 pip 安装命令后，会弹出下载并安装 TensorFlow 的界面，安装成功后的界面效果如图 2-5 所示。

```
管理员: Anaconda Powershell Prompt (Anaconda3)                                    —    □    ×
oard<3, >=2.3.0->TensorFlow) (1.7.0)
Requirement already satisfied: requests<3, >=2.21.0 in c:\programdata\anaconda3\lib\site-packages (from tensorboard<3, >=2
.3.0->TensorFlow) (2.22.0)
Requirement already satisfied: markdown>=2.6.8 in c:\programdata\anaconda3\lib\site-packages (from tensorboard<3, >=2.3.0-
>TensorFlow) (3.2.2)
Requirement already satisfied: requests-oauthlib>=0.7.0 in c:\programdata\anaconda3\lib\site-packages (from google-auth-
oauthlib<0.5, >=0.4.1->tensorboard<3, >=2.3.0->TensorFlow) (1.3.0)
Requirement already satisfied: cachetools<5.0, >=2.0.0 in c:\programdata\anaconda3\lib\site-packages (from google-auth<2,
>=1.6.3->tensorboard<3, >=2.3.0->TensorFlow) (4.1.1)
Requirement already satisfied: pyasn1-modules>=0.2.1 in c:\programdata\anaconda3\lib\site-packages (from google-auth<2,
>=1.6.3->tensorboard<3, >=2.3.0->TensorFlow) (0.2.8)
Requirement already satisfied: rsa<5, >=3.1.4; python_version >= "3.5" in c:\programdata\anaconda3\lib\site-packages (fro
m google-auth<2, >=1.6.3->tensorboard<3, >=2.3.0->TensorFlow) (4.6)
Requirement already satisfied: urllib3!=1.25.0, !=1.25.1, <1.26, >=1.21.1 in c:\programdata\anaconda3\lib\site-packages (fr
om requests<3, >=2.21.0->tensorboard<3, >=2.3.0->TensorFlow) (1.25.8)
Requirement already satisfied: certifi>=2017.4.17 in c:\programdata\anaconda3\lib\site-packages (from requests<3, >=2.21.
0->tensorboard<3, >=2.3.0->TensorFlow) (2019.11.28)
Requirement already satisfied: chardet<4, >=3.0.2 in c:\programdata\anaconda3\lib\site-packages (from requests<3, >=2.
21.0->tensorboard<3, >=2.3.0->TensorFlow) (3.0.4)
Requirement already satisfied: idna<2.9, >=2.5 in c:\programdata\anaconda3\lib\site-packages (from requests<3, >=2.21.0->t
ensorboard<3, >=2.3.0->TensorFlow) (2.8)
Requirement already satisfied: importlib-metadata; python_version < "3.8" in c:\programdata\anaconda3\lib\site-packages
(from markdown>=2.6.8->tensorboard<3, >=2.3.0->TensorFlow) (1.5.0)
Requirement already satisfied: oauthlib>=3.0.0 in c:\programdata\anaconda3\lib\site-packages (from requests-oauthlib>=0.
7.0->google-auth-oauthlib<0.5, >=0.4.1->tensorboard<3, >=2.3.0->TensorFlow) (3.1.0)
Requirement already satisfied: pyasn1<0.5.0, >=0.4.6 in c:\programdata\anaconda3\lib\site-packages (from pyasn1-modules>=
0.2.1->google-auth<2, >=1.6.3->tensorboard<3, >=2.3.0->TensorFlow) (0.4.8)
Requirement already satisfied: zipp>=0.5 in c:\programdata\anaconda3\lib\site-packages (from importlib-metadata; python_
version < "3.8">markdown>=2.6.8->tensorboard<3, >=2.3.0->TensorFlow) (2.2.0)
(base) PS C:\WINDOWS\system32>
```

图 2-5 安装成功后的界面

2.2.3 安装 TensorFlow Lite 解释器

要想使用 Python 快速运行 TensorFlow Lite 模型，需要先安装 TensorFlow Lite 解释器，而无须安装本书 2.2.1 小节和 2.2.2 小节中介绍的所有 TensorFlow 软件包。

只包含 TensorFlow Lite 解释器的软件包是完整的 TensorFlow 软件包的一小部分，其中只包含使用 TensorFlow Lite 运行所需要的最少代码：仅包含 Python 类 tf.lite.Interpreter。如果只想执行 .tflite 模型，而不希望庞大的 TensorFlow 库占用磁盘空间，那么只安装这个小软件包是最理想的选择。

⚠️ **注 意** 如果需要访问其他 Python API（如 TensorFlow Lite 转换器），则必须安装完整的 TensorFlow 软件包。

在电脑中可以使用 pip install 命令安装 TensorFlow Lite，假如 Python 版本是 3.9，则可以使用以下命令安装 TensorFlow Lite：

```
pip install https://dl.google.com/coral/python/tflite_runtime-2.1.0.post1-cp39-cp39m-
linux_armv7l
```

2.2.4 解决速度过慢的问题

在使用前面介绍的 pip 方式安装 TensorFlow 库时，经常会遇到因为网速过慢而安装失败的问题。这是因为 TensorFlow 库的安装包保存在国外的服务器中，所以国内用户在下载时会遇到网速过慢导致安装失败的问题。为了解决这个问题，国内很多网站也为开发者提供了常用的 Python 库的安装包，例如清华大学和豆瓣网等。

（1）使用清华源安装 Python 库的语法格式如下：

```
pip install -i https://pypi.tuna.tsinghua.edu.cn/simple 库的名字
```

例如，在 Windows 10 系统的"命令提示符"界面中，输入下面的命令即可安装 TensorFlow：

```
pip install -i https://pypi.tuna.tsinghua.edu.cn/simple TensorFlow
```

（2）使用豆瓣源安装 Python 库的语法格式如下：

```
pip install 库的名字 -i http://pypi.douban.com/simple/ --trusted-host pypi.douban.com
```

例如，在 Windows 10 系统的"命令提示符"界面中，输入下面的命令即可安装 TensorFlow：

```
pip install TensorFlow -i http://pypi.douban.com/simple/ --trusted-host pypi.douban.com
```

2.3 准备开发工具

对于 Python 开发者来说，建议使用 PyCharm 开发并调试运行 TensorFlow 程序。另外，为了提高开发效率，谷歌为开发者提供了 Google Colaboratory 工具，这样可以在谷歌浏览器中调试运行 TensorFlow 程序，非常方便。

扫码观看本节视频讲解

2.3.1 使用 PyCharm 开发并调试运行 TensorFlow 程序

（1）打开 PyCharm，然后新建一个名为 first 的 Python 工程，如图 2-6 所示。

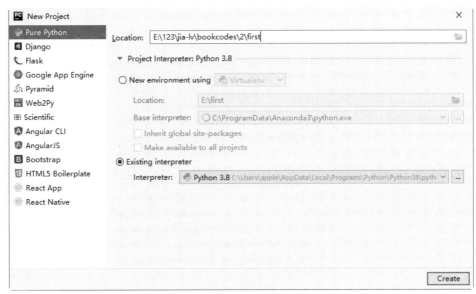

图 2-6　新建一个名为 first 的 Python 工程

（2）在工程 first 中新建一个 Python 程序文件 first.py，然后编写如下代码：

```python
import tensorflow as tf
print(tf.__version__)
print(tf.__path__)
```

上述代码的功能是，分别打印输出在当前计算机中安装的 TensorFlow 的版本和路径，执行后会输出：

```
2.3.1
['C:\\Users\\apple\\AppData\\Local\\Programs\\Python\\Python38\\lib\\site-packages\\
tensorflow', 'C:\\Users\\apple\\AppData\\Local\\Programs\\Python\\Python38\\lib\\site-
packages\\tensorflow_estimator\\python\\estimator\\api\\_v2', 'C:\\Users\\apple\\AppData\\
Local\\Programs\\Python\\Python38\\lib\\site-packages\\tensorboard\\summary\\_tf', 'C:\\
Users\\apple\\AppData\\Local\\Programs\\Python\\Python38\\lib\\site-packages\\tensorflow',
'C:\\Users\\apple\\AppData\\Local\\Programs\\Python\\Python38\\lib\\site-packages\\
tensorflow\\_api\\v2']
```

2.3.2 使用 Colaboratory 开发并调试运行 TensorFlow 程序

谷歌在推出开源库 TensorFlow 之后，为了提高开发效率，特意推出了开发工具 Colaboratory 来协助开发者们快速实现 AI 开发。Colaboratory 是基于云端搭建的 Jupyter Notebook 环境，其最大好处是不需要进行任何配置就可以使用，并且完全在云端运行，开发者只需要有一个谷歌浏览器就可以开发并运行 TensorFlow 程序。

　　Jupyter Notebook 以网页的形式打开，可以在网页中直接编写和运行代码，代码的运行结果也会直接在代码块下显示。如在编程过程中需要编写说明文档，可在同一个页面中直接编写，便于进行及时的说明和解释。

　　使用 Colaboratory 的好处如下。
- 通过使用浏览器，可以在云端服务器中使用Jupyter Notebook创建Python程序文件。
- 通过使用浏览器，可以在云端服务器中编写Python代码和TensorFlow代码。
- 通过使用浏览器，可以在线运行Python程序和TensorFlow程序。
- 所有TensorFlow程序的编写和调试运行等工作都是通过网页浏览器实现的，无须开发者自己安装TensorFlow库，省略了搭建开发环境的工作，大大提高了开发效率。

　　使用 Colaboratory 的基本步骤如下。

　　（1）通过 Google Chrome 浏览器登录 Colaboratory 云端服务器，输入谷歌账号信息，登录 Colaboratory。依次选择"文件"→"新建笔记本"命令，创建一个新的 Jupyter Notebook 文件，第一个文件会自动被命名为"Untitled0.ipynb"，如图 2-7 所示。

图 2-7　创建一个新的 Jupyter Notebook 文件

　　（2）在弹出的界面中输入获取当前安装 TensorFlow 的版本和路径代码，如图 2-8 所示。

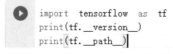

图 2-8　输入代码

　　上述代码的功能是，分别打印输出在当前计算机中安装的 TensorFlow 的版本和路径。因为这是在云端编写的代码，所以执行后会显示在云端服务器中安装的 TensorFlow 的版本和路径。单击 ▶ 按钮运行这段代码，执行效果如图 2-9 所示。

2.3.0
['/usr/local/lib/python3.6/dist-packages/tensorflow', '/usr/local/lib/python3.6/dist-packages/tensorflow_estimator/python/estimator/api/_v2', '/usr/local/lib/python3.

图 2-9　在 Colaboratory 云端的执行效果

（3）可以修改步骤（1）中创建的 Jupyter Notebook 文件，假如我们想将前面创建的文件名称"Untitled0.ipynb"修改为"first.py"，方法是依次选择"文件"→"重命名笔记本"命令，如图 2-10 所示。

（4）此时文件名"Untitled0.ipynb"将变为可编辑状态，我们将其重命名为"first.py"，如图 2-11 所示。

图 2-10　选择"重命名笔记本"命令　　　　　　图 2-11　重命名为"first.py"

（5）在使用 Colaboratory 时可以设置 GPU/TPU 加速，方法是依次选择"代码执行程序"→"更改运行时类型"命令，如图 2-12 所示。

（6）在弹出的界面中可以选择硬件加速器，例如选择 GPU 选项，然后单击"保存"按钮，如图 2-13 所示。此时在 Colaboratory 中运行 TensorFlow 程序，将使用云端服务器提供的 GPU 加速器运行，发现运行速度会大大提高。

图 2-12　选择"更改运行时类型"命令　　　　　图 2-13　选择加速器类型

the end -add back the deselected mirror modifier object
ob.select= 1
ifier_ob.select=1
ntext.scene.objects.active = modifier ob
nt("Selected" + str(modifier_ob)) # modifier ob is the active ob
Mirror_ob.select = 0
e = bpy.context.selected_objects[0]
y.data.objects[one.name].select = 1

print("please select exactly two objects, the last one gets the

------- OPERATOR CLASSES ----------------------------------

第 3 章

第一个 TensorFlow Lite 程序

经过本书前面内容的学习，已经了解了 TensorFlow Lite 的基本知识，掌握了搭建 TensorFlow 开发环境的方法。在本章的内容中，将详细介绍实现第一个 TensorFlow Lite 程序的知识，以及在 Android 系统中编写并运行第一个 TensorFlow Lite 程序的方法。

3.1 开发 TensorFlow Lite 程序的流程

在 TensorFlow Lite 程序中，需要使用 TensorFlow 开发的模型，然后利用这些模型实现识别和分类等深度学习功能。在本节的内容中，将详细介绍开发 TensorFlow Lite 程序的基本流程。

扫码观看本节视频讲解

3.1.1 准备模型

TensorFlow 模型是一种数据结构，在 TensorFlow Lite 程序中，可以通过多种方式获得 TensorFlow 模型，从使用预训练模型（pre-trained models）到训练自己的模型。为了在 TensorFlow Lite 中使用模型，必须将模型转换成一种特殊格式。

⚠️ **注 意**　并不是所有的 TensorFlow 模型都能在 TensorFlow Lite 中运行，因为解释器（interpreter）只支持部分（a limited subset）TensorFlow 运算符（operations）。

1. 使用预训练模型

TensorFlow Lite 官方为开发者提供了一系列预训练模型，用于解决各种机器学习问题。官方将这些模型进行了转换处理，这样可以与 TensorFlow Lite 一起使用，并且可以在应用程序中使用。

TensorFlow Lite 官方提供的预训练模型有：

- 图像分类模型（image classification）；
- 物体检测模型（object detection）；
- 智能回复模型（smart reply）；
- 姿态估计模型（pose estimation）；
- 语义分割模型（segmentation）。

可以在模型列表（models）中查看预训练模型的完整列表。

2. 使用其他来源的模型

开发者还可以使用在其他地方得到的预训练 TensorFlow 模型，包括 TensorFlow Hub。在大多数情况下，这些模型不会以 TensorFlow Lite 格式提供，必须在使用前转换（convert）这些模型。

TensorFlow Hub 是用于存储可重用机器学习资产的仓库和库，在 hub.tensorflow.google.cn 仓库中提供了许多预训练模型，如文本嵌入、图像分类模型等。开发者可以从 tensorflow_hub 库下载资源，并以最少的代码量在 TensorFlow 程序中重用这些资源。

3. 重新训练模型（迁移学习）

迁移学习（transfer learning）允许开发者采用训练好的模型并重新（re-train）训练，以执行其他任务。例如，我们可以重新训练一个图像分类模型以识别新的图像类别。与从头开始训练的模型相比，重新训练花费的时间更少，所需的数据更少。开发者可以使用迁移学习，根据自己的应用程序定制预训练模型。

4. 训练自定义模型

如果开发者自行设计并训练了 TensorFlow 模型，或者训练了从其他来源得到的模型，在使用前，需要将此模型转换成 TensorFlow Lite 格式。

TensorFlow Lite 解释器是一个库（library），能够接收一个模型文件（model file），执行模型文件在输入数据（input data）中定义的运算符，并提供对输出（output）的访问。

3.1.2　转换模型

TensorFlow Lite 的目的是在各种设备上高效执行模型，这种高效部分源于在存储模型时，采用了一种特殊的格式。在 TensorFlow Lite 使用 TensorFlow 模型之前，必须转换成这种格式。

转换模型减小了模型文件，并引入了不影响准确性（accuracy）的优化措施。开发人员可以在进行一些取舍的情况下，选择进一步减小模型文件，并提高执行速度。可以使用 TensorFlow Lite 转换器（converter）选择要执行的优化措施。

⚠️ **注　意**　因为 TensorFlow Lite 支持部分 TensorFlow 运算符，所以并非所有模型都能转换。

通过使用转换器，可以将各种输入类型转换为模型。

1. TensorFlow Lite 转换器

TensorFlow Lite 转换器是一个将训练好的 TensorFlow 模型转换成 TensorFlow Lite 格式的工具，在里面引入了优化参数（optimizations）实现更精确的设置。转换器以 Python API 的形式提供，例如下面的代码中，演示了将一个 TensorFlow SavedModel 转换成 TensorFlow Lite 格式的过程。

```python
import tensorflow as tf

converter = tf.lite.TFLiteConverter.from_saved_model(saved_model_dir)
tflite_model = converter.convert()
open("converted_model.tflite", "wb").write(tflite_model)
```

开发者可以用类似的方法转换 TensorFlow 2.0 模型，虽然也能从命令行使用转换器，但是推荐用 Python API 进行转换。

2. 转换选项

（1）当转换 TensorFlow 1.x 模型时，输入类型有：

- SavedModel文件夹；
- Frozen GraphDef（通过 freeze_graph.py 生成的模型）；
- Keras HDF5 模型；
- 从 tf.Session得到的模型。

（2）当转换为 TensorFlow 2.x 模型时，输入类型有：

- SavedModel 文件夹；
- tf.keras 模型；
- 具体函数（concrete functions）。

可以将转换器配置为使用各种优化措施参数，这些优化措施可以提高性能，减小文件。

到目前为止，TensorFlow Lite 仅支持一部分 TensorFlow 运算符，长期目标是将来能支持全部的 TensorFlow 运算符。

如果在需要转换的模型中含有不受支持的运算符，可以使用 TensorFlow Select 包含来自 TensorFlow 的运算符，这会使部署到设备上的二进制文件更大。

3.1.3 使用模型进行推理

推理（inference）是通过模型（model）运行数据（data）以获得预测（predictions）的过程。这个过程需要模型（model）、解释器（interpreter）和输入数据（input data）。

1. TensorFlow Lite 解释器

TensorFlow Lite 解释器是一个库，该库会接收模型文件，执行它对输入数据定义的运算，并提供对输出的访问。该解释器（interpreter）适用于多个平台，提供了一个简单的 API，用于从 Java、Swift、Objective-C、C++ 和 Python 运行 TensorFlow Lite 模型。例如，下面的代码演示了从 Java 程序调用解释器的过程：

```
try (Interpreter interpreter = new Interpreter(tensorflow_lite_model_file)) {
    interpreter.run(input, output);
}
```

2. GPU 加速和委托

在现实应用中，很多设备为机器学习运算提供了硬件加速，例如，手机 GPU 能够比 CPU 更快地执行浮点矩阵运算，而且这种速度的提升可能会非常可观。例如，当使用 GPU 加速时，MobileNet v1 图像分类模型在 Pixel 3 手机上的运行速度能够提高 5.5 倍。

在使用 TensorFlow Lite 解释器时可以配置委托，以利用不同设备上的硬件加速。GPU 委托允许解释器在设备的 GPU 上运行适当的运算。例如，下面的代码展示了在 Java 程序中使用 GPU 委托的方法：

```
GpuDelegate delegate = new GpuDelegate();
Interpreter.Options options = (new Interpreter.Options()).addDelegate(delegate);
Interpreter interpreter = new Interpreter(tensorflow_lite_model_file, options);
try {
    interpreter.run(input, output);
}
```

要添加对新硬件加速器的支持，开发者可以定义自己的委托。

3. Android 和 iOS 移动平台

在 Android 和 iOS 移动平台中，可以非常容易地使用 TensorFlow Lite 解释器。在开始使用时需要先准备所需的库（libraries），Android 开发人员应该使用 TensorFlow Lite AAR，iOS 开发人员应该使用 CocoaPods for Swift or Objective-C。

4. 微控制器

适用于微控制器的 TensorFlow Lite 专为满足微控制器开发的特定限制条件而设计，主要针对只有千字节内存的微控制器和其他设备。

5. 运算符

如果我们的模型需要尚未在 TensorFlow Lite 中实现的 TensorFlow 运算，则可以使用 TensorFlow 选择在模型中使用它们，此时需要构建一个包括该 TensorFlow 运算的自定义版本的解释器。开发者可以使用自定义运算符（custom operators）编写自己的运算符（operations），或者将新运算符移植（port）到 TensorFlow Lite 中。

3.1.4　优化模型

在 TensorFlow Lite 中提供了优化模型的大小（size）和性能（performance）的工具，这通常对准确性（accuracy）的影响甚微。在使用优化模型时可能需要稍微复杂的训练（training）、转换（conversion）或集成（integration）。

机器学习中的优化是一个不断发展的领域，TensorFlow Lite 的模型优化工具包（model optimization toolkit）随着新技术的发展而不断发展。

1. 性能

模型优化的目标是在给定设备上达到性能、模型大小和准确率的理想平衡。

2. 量化

通过降低模型中数值（values）和运算符（operations）的精度（precision）、量化（quantization），可以减小模型和降低推理所需的时间。对于很多模型，只有极小的准确性（accuracy）损失。

TensorFlow Lite 转换器让量化 TensorFlow 模型变得简单，例如，下面的 Python 代码量化了一个 SavedModel 并将其保存在硬盘中：

```
import tensorflow as tf

converter = tf.lite.TFLiteConverter.from_saved_model(saved_model_dir)
converter.optimizations = [tf.lite.Optimize.OPTIMIZE_FOR_SIZE]
tflite_quant_model = converter.convert()
open("converted_model.tflite", "wb").write(tflite_quantized_model)
```

TensorFlow Lite 支持将值的精度从全浮点降低到半精度浮点（float16）或 8 位整数，每种设置都要在模型大小和准确度上进行权衡取舍，而且有些运算由针对这些降低了精度的类型的优化实现。

3. 模型优化工具包

模型优化工具包是一套工具和技术，旨在使开发人员可以轻松优化它们的模型。虽然其中的许多技术可以应用于所有 TensorFlow 模型，并非特定于 TensorFlow Lite，但在资源有限的设备上进行推理（inference）时，它们特别有价值。

3.2　在 Android 中创建 TensorFlow Lite

Android 是谷歌旗下的一款产品，跟计算机中的操作系统（例如 Windows 和 Linux）类似，它是一款智能设备操作系统，可以运行在手机、平板电脑等设备中。

扫码观看本节视频讲解

3.2.1　需要安装的工具

Android 开发工具由多个开发包组成，具体说明如下。

- JDK：可以到网址 http://www.oracle.com/technetwork/java/javase/downloads/index.html 下载。
- Android Studio：可以到 Android 的官方网站 https://developer.android.google.cn/ 下载。
- Android SDK：安装 Android Studio 后，通过 Android Studio 可以安装 Android SDK。

3.2.2　新建 Android 工程

（1）打开 Android Studio，单击 Start a new Android Studio project 按钮新建一个 Android 工程，如图 3-1 所示。

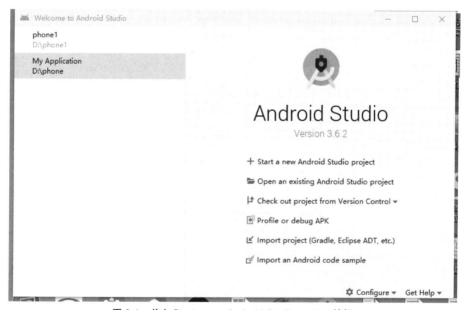

图 3-1　单击 Start a new Android Studio project 按钮

（2）在 Name 文本框中设置工程名为"android"，在 Language 下拉列表框中设置所使用的开发语言为 Java，如图 3-2 所示。

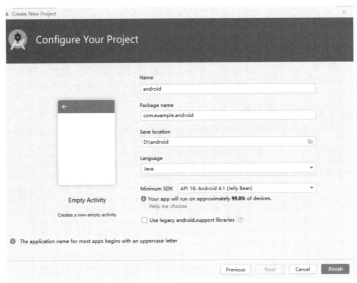

图 3-2 设置开发语言为 Java

（3）最终的目录结构如图 3-3 所示。

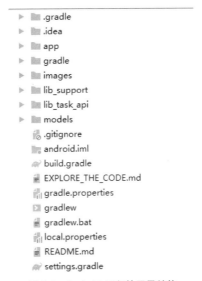

图 3-3 Android 工程的目录结构

3.2.3 使用 JCenter 中的 TensorFlow Lite AAR

如果要在 Android 应用程序中使用 TensorFlow Lite，建议大家使用在 JCenter 中托管的 TensorFlow

Lite AAR，里面包含了 Android ABIs 中所有的二进制文件。例如在本实例中，可以在 build.gradle 依赖中通过如下代码来使用 TensorFlow Lite：

```
dependencies {
    implementation 'org.tensorflow:tensorflow-lite:0.0.0-nightly'
}
```

在现实应用中，建议通过只包含需要支持的 ABIs 来减小应用程序的二进制文件。推荐大家删除其中的 x86、x86_64 和 arm32 的 ABIs。例如，可以通过如下所示的 Gradle 配置代码实现：

```
android {
    defaultConfig {
        ndk {
            abiFilters 'armeabi-v7a', 'arm64-v8a'
        }
    }
}
```

在上述配置代码中，设置只包括 armeabi-v7a 和 arm64-v8a，该配置能涵盖现实中大部分的 Android 设备。

3.2.4　运行和测试

本实例是一个能够在 Android 上运行 TensorFlow Lite 的应用程序，其功能是使用"图像分类"模型对从设备后置摄像头看到的任何内容进行连续分类，然后使用 TensorFlow Lite Java API 执行推理。演示应用程序实时对图像进行分类，最后显示出最有可能的分类。

（1）将 Android 手机连接到计算机，并确保批准手机上出现的任何 ADB 权限提示。

（2）依次选择 Android Studio 顶部的 Run → Run 'app' 命令，开始运行程序，如图 3-4 所示。

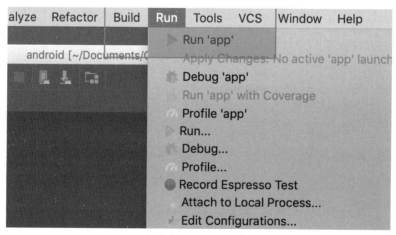

图 3-4　开始运行程序

（3）在连接的设备中选择部署目标到将要安装应用程序的设备上，即可安装该应用程序。安装完成后将自动运行本实例，执行效果如图 3-5 所示。

图 3-5　执行效果

```
                 at the end -add back the deselected mirror modifier object
r_ob.select= 1
fier_ob.select=1
.context.scene.objects.active = modifier_ob
nt("Selected" + str(modifier_ob)) # modifier ob is the active ob
 #mirror_ob.select = 0
e = bpy.context.selected_objects[0]
y.data.objects[one.name].select = 1

 print("please select exactly two objects, the last one gets the modifier where
 ----- OPERATOR CLASSES -----------------------
```

第 4 章
转换模型

　　在 Android 和 iOS 等移动设备中使用的数据模型是 TensorFlow Lite 模型，这和 TensorFlow 模型是有区别的。在现实应用中，可以将 TensorFlow 模型转换为 TensorFlow Lite 模型。在本章的内容中，将和大家一起来探讨学习转换 TensorFlow Lite 模型的知识，为读者步入本书后面知识的学习打下基础。

TensorFlow Lite 移动设备深度学习从入门到实践

4.1　TensorFlow Lite 转换器

通过使用 TensorFlow Lite 转换器，可以根据输入的 TensorFlow 模型生成 TensorFlow Lite 模型。TensorFlow Lite 模型文件是一种优化的 FlatBuffer 格式文件，以 .tflite 为扩展名。

扫码观看本节视频讲解

4.1.1　转换方式

在开发过程中，可以通过以下两种方式使用 TensorFlow Lite 转换器。
- Python API（推荐）：可以更轻松地在模型开发流水线中转换模型、应用优化、添加元数据，并且拥有更多功能。
- 命令行工具：仅支持基本模型转换。

在接下来的内容中，将详细讲解这两种转换方式的知识和用法。

1. Python API

在使用 Python API 方式生成 TensorFlow Lite 模型之前，需要先确定已安装 TensorFlow，具体方法是运行如下代码：

```
print(tf.__version__)
```

要详细了解 TensorFlow Lite converter API 的信息，运行下面的代码：

```
print(help(tf.lite.TFLiteConverter))
```

如果开发者已经安装了 TensorFlow，则可以使用 tf.lite.TFLiteConverter 转换 TensorFlow 模型。TensorFlow 模型是使用 SavedModel 格式存储的，并通过高阶 tf.keras.* API（Keras 模型）或低阶 tf.* API（用于生成具体函数）生成。具体来说，开发者可以使用以下三个选项转换 TensorFlow 模型。
- tf.lite.TFLiteConverter.from_saved_model()（推荐）：转换 SavedModel。
- tf.lite.TFLiteConverter.from_keras_model()：转换 Keras 模型。
- tf.lite.TFLiteConverter.from_concrete_functions()：转换具体函数。

在接下来的内容中，将详细讲解上述三种转换方式的用法。

1）转换 SavedModel（推荐）

在下面的代码中，演示了将 SavedModel 转换为 TensorFlow Lite 模型的过程。

```
import tensorflow as tf
# 转换模型
converter = tf.lite.TFLiteConverter.from_saved_model(saved_model_dir) # path to the SavedModel directory
tflite_model = converter.convert()
# 保存模型
with open('model.tflite', 'wb') as f:
```

36

```
    f.write(tflite_model)
```

2）转换 Keras 模型

在下面的实例文件 cov01.py 中，演示了将 Keras 模型转换为 TensorFlow Lite 模型的过程。

```
import tensorflow as tf

#使用高级tf.keras.*API创建模型
model = tf.keras.models.Sequential([
    tf.keras.layers.Dense(units=1, input_shape=[1]),
    tf.keras.layers.Dense(units=16, activation='relu'),
    tf.keras.layers.Dense(units=1)
])
model.compile(optimizer='sgd', loss='mean_squared_error') # compile the model
model.fit(x=[-1, 0, 1], y=[-3, -1, 1], epochs=5) # train the model
# (to generate a SavedModel) tf.saved_model.save(model, "saved_model_keras_dir")

#转换模型
converter = tf.lite.TFLiteConverter.from_keras_model(model)
tflite_model = converter.convert()

#保存模型
with open('model.tflite', 'wb') as f:
  f.write(tflite_model)
```

执行后会将创建的模型转换为 TensorFlow Lite 模型，并保存为文件 model.tflite，如图 4-1 所示。

图 4-1　TensorFlow Lite 模型

3）转换具体函数

到作者写作本书时为止，仅支持转换单个具体函数。例如在下面的代码中，演示了将具体函数转换为 TensorFlow Lite 模型的过程。

```
import tensorflow as tf
#使用低阶tf.*API创建模型
class Squared(tf.Module):
  @tf.function
  def __call__(self, x):
    return tf.square(x)
model = Squared()
# (ro run your model) result = Squared(5.0) # This prints "25.0"
# (to generate a SavedModel) tf.saved_model.save(model, "saved_model_tf_dir")
```

```
concrete_func = model.__call__.get_concrete_function()

#转换模型
converter = tf.lite.TFLiteConverter.from_concrete_functions([concrete_func])
tflite_model = converter.convert()

#保存模型
with open('model.tflite', 'wb') as f:
    f.write(tflite_model)
```

⚠ **注 意** 在开发过程中，建议大家使用上面介绍的 Python API 方式转换 TensorFlow Lite 模型。

2. 命令行工具

如果已经使用 pip 安装了 TensorFlow，请按下文使用 tflite_convert 命令（如果您已从源代码安装了 TensorFlow，则可以在命令行中使用如下命令转换）：

```
tflite_convert
```

如果要查看所有的可用标记，请使用以下命令：

```
$ tflite_convert --help

'--output_file'. Type: string. Full path of the output file.
'--saved_model_dir'. Type: string. Full path to the SavedModel directory.
'--keras_model_file'. Type: string. Full path to the Keras H5 model file.
'--enable_v1_converter'. Type: bool. (default False) Enables the converter and flags used
in TF 1.x instead of TF 2.x.

You are required to provide the '--output_file' flag and either the '--saved_model_dir'
or '--keras_model_file' flag.
```

1）转换 SavedModel

将 SavedModel 转换为 TensorFlow Lite 模型的命令如下：

```
tflite_convert \
  --saved_model_dir=/tmp/mobilenet_saved_model \
  --output_file=/tmp/mobilenet.tflite
```

2）转换 Keras H5 模型

将 Keras H5 模型转换为 TensorFlow Lite 模型的命令如下：

```
tflite_convert \
  --keras_model_file=/tmp/mobilenet_keras_model.h5 \
  --output_file=/tmp/mobilenet.tflite
```

在使用命令方式或者 Python API 方式转换为 TensorFlow Lite 模型后，接下来可以在里面添加元数据，从而在设备上部署模型时，可以更轻松地创建平台专用封装容器代码。最后使用 TensorFlow Lite 解释器在客户端设备（例如移动设备、嵌入式设备）上运行模型。

4.1.2 将 TensorFlow RNN 转换为 TensorFlow Lite

通过使用 TensorFlow Lite，能够将 TensorFlow RNN 模型转换为 TensorFlow Lite 的融合 LSTM 运算。融合运算的目的是最大限度地提高其底层内核实现的性能，同时也提供了一个更高级别的接口来定义如量化之类的复杂转换。在 TensorFlow 中 RNN API 的变体有很多，其的转换方法主要包括以下两个方面。

- 为标准的 TensorFlow RNN API（如 Keras LSTM）提供原生支持，这是推荐的选项。
- 提供了进入转换基础架构的接口，用于插入用户定义的 RNN 实现并转换为 TensorFlow Lite。谷歌官方提供了几个有关此类转换的开箱即用的示例，这些示例使用的是 lingvo 的 LSTMCellSimple 和 LayerNormalizedLSTMCellSimple RNN 接口。

既然官方推荐为标准的 TensorFlow RNN API 提供原生支持，那么接下来我们将详细讲解这种转换方式的用法。该功能是 TensorFlow 2.3 版本的一部分，也可以通过 tf-nightly pip 或从头部获得。当通过 SavedModel 或直接从 Keras 模型转换到 TensorFlow Lite 时，可以使用此转换功能。例如，在下面的代码中，演示了将保存的模型转换为 TensorFlow Lite 模型的方法。

```
#构建保存的模型
#此处的转换函数对应于包含一个或多个Keras LSTM层的TensorFlow模型的导出函数
saved_model, saved_model_dir = build_saved_model_lstm(...)
saved_model.save(saved_model_dir, save_format="tf", signatures=concrete_func)
#转换模型
converter = TFLiteConverter.from_saved_model(saved_model_dir)
tflite_model = converter.convert()
```

再看下面的代码，演示了将 Keras 模型转换为 TensorFlow Lite 模型的方法。

```
#建立一个Keras模型
keras_model = build_keras_lstm(...)
#转换模型
converter = TFLiteConverter.from_keras_model(keras_model)
tflite_model = converter.convert()
```

在现实应用中，使用最多的是实现 Keras LSTM 到 TensorFlow Lite 的开箱即用转换。请看下面的实例文件 cov02.py，其功能是使用 Keras 构建用于实现 MNIST 识别的 TFLite LSTM 融合模型，然后将其转换为 TensorFlow Lite 模型。

实例文件 cov02.py 的具体实现代码如下所示。

（1）构建 MNIST LSTM 模型，代码如下：

```
import numpy as np
import tensorflow as tf

model = tf.keras.models.Sequential([
    tf.keras.layers.Input(shape=(28, 28), name='input'),
    tf.keras.layers.LSTM(20, time_major=False, return_sequences=True),
    tf.keras.layers.Flatten(),
    tf.keras.layers.Dense(10, activation=tf.nn.softmax, name='output')
```

```
])
model.compile(optimizer='adam',
              loss='sparse_categorical_crossentropy',
              metrics=['accuracy'])
model.summary()
```

（2）训练和评估模型，本实例将使用 MNIST 数据训练模型，代码如下：

```
#加载MNIST数据集
(x_train, y_train), (x_test, y_test) = tf.keras.datasets.mnist.load_data()
x_train, x_test = x_train / 255.0, x_test / 255.0
x_train = x_train.astype(np.float32)
x_test = x_test.astype(np.float32)

#如果要快速测试流，请将其更改为True
#使用小数据集和仅1个epoch进行训练
_FAST_TRAINING = False
_EPOCHS = 5
if _FAST_TRAINING:
  _EPOCHS = 1
  _TRAINING_DATA_COUNT = 1000
  x_train = x_train[:_TRAINING_DATA_COUNT]
  y_train = y_train[:_TRAINING_DATA_COUNT]

model.fit(x_train, y_train, epochs=_EPOCHS)
model.evaluate(x_test, y_test, verbose=0)
```

（3）将 Keras 模型转换为 TensorFlow Lite 模型，代码如下：

```
run_model = tf.function(lambda x: model(x))
#这很重要，让我们修正输入大小
BATCH_SIZE = 1
STEPS = 28
INPUT_SIZE = 28
concrete_func = run_model.get_concrete_function(
    tf.TensorSpec([BATCH_SIZE, STEPS, INPUT_SIZE], model.inputs[0].dtype))

#保存模型的目录
MODEL_DIR = "keras_lstm"
model.save(MODEL_DIR, save_format="tf", signatures=concrete_func)

converter = tf.lite.TFLiteConverter.from_saved_model(MODEL_DIR)
tflite_model = converter.convert()
```

（4）检查转换后的 TensorFlow Lite 模型，现在开始加载 TensorFlow Lite 模型并使用 TensorFlow Lite Python 解释器来验证结果。代码如下：

```
#使用TensorFlow运行模型以获得预期结果
TEST_CASES = 10
```

```
#使用TensorFlow Lite运行模型
interpreter = tf.lite.Interpreter(model_content=tflite_model)
interpreter.allocate_tensors()
input_details = interpreter.get_input_details()
output_details = interpreter.get_output_details()

for i in range(TEST_CASES):
  expected = model.predict(x_test[i:i+1])
  interpreter.set_tensor(input_details[0]["index"], x_test[i:i+1, :, :])
  interpreter.invoke()
  result = interpreter.get_tensor(output_details[0]["index"])

  #判断TFLite模型的结果是否与TF模型一致
  np.testing.assert_almost_equal(expected, result)
  print("Done. The result of TensorFlow matches the result of TensorFlow Lite.")

  #TFLite融合的Lstm内核是有状态的，接下来需要重置状态，即清理内部状态
  interpreter.reset_all_variables()
```

执行后会输出:

```
Model: "sequential"

_____
Layer (type)                 Output Shape              Param #
=================================================================
lstm (LSTM)                  (None, 28, 20)            3920
_____
flatten (Flatten)            (None, 560)               0
_____
output (Dense)               (None, 10)                5610
=================================================================
Total params: 9,530
Trainable params: 9,530
Non-trainable params: 0
_____
Epoch 1/5
1875/1875 [==============================] - 33s 17ms/step - loss: 0.3559 - accuracy: 0.8945
Epoch 2/5
1875/1875 [==============================] - 32s 17ms/step - loss: 0.1355 - accuracy: 0.9589
Epoch 3/5
1875/1875 [==============================] - 32s 17ms/step - loss: 0.0974 - accuracy: 0.9708
Epoch 4/5
1875/1875 [==============================] - 33s 17ms/step - loss: 0.0769 - accuracy: 0.9764
Epoch 5/5
1875/1875 [==============================] - 31s 17ms/step - loss: 0.0658 - accuracy: 0.9796
Done. The result of TensorFlow matches the result of TensorFlow Lite.
Done. The result of TensorFlow matches the result of TensorFlow Lite.
Done. The result of TensorFlow matches the result of TensorFlow Lite.
Done. The result of TensorFlow matches the result of TensorFlow Lite.
```

```
Done. The result of TensorFlow matches the result of TensorFlow Lite.
Done. The result of TensorFlow matches the result of TensorFlow Lite.
Done. The result of TensorFlow matches the result of TensorFlow Lite.
Done. The result of TensorFlow matches the result of TensorFlow Lite.
Done. The result of TensorFlow matches the result of TensorFlow Lite.
Done. The result of TensorFlow matches the result of TensorFlow Lite.
```

并且在 keras_lstm 目录中会保存创建的模型文件，如图 4-2 所示。

图 4-2　创建的模型文件

（5）检查转换后的 TFLite 模型，此时可以看到 LSTM 将采用融合格式，如图 4-3 所示。

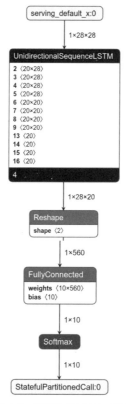

图 4-3　转换后的 TFLite 模型

请注意，本实例创建的是融合的 LSTM 操作，而不是未融合的版本。本实例并不会试图将模型构建为真实世界的应用程序，而只是演示如何使用 TensorFlow Lite。大家可以使用 CNN 模型构建更好的模型。当实现 Keras LSTM 到 TensorFlow Lite 的开箱即用转换时，强调与 Keras 运算定义相关的 TensorFlow Lite 的 LSTM 协定也是十分重要的。

- input 张量的 0 维是批次 epoch 的大小。
- recurrent_weight 张量的 0 维是输出的数量。
- weight 和 recurrent_kernel 张量进行了转置。
- 转置后的 weight 张量和 recurrent_kernel 张量，以及 bias 张量沿着 0 维被拆分成了 4 个大小相等的张量，这些张量分别对应 input gate、forget gate、cell 和 output gate。

4.2 将元数据添加到 TensorFlow Lite 模型

TensorFlow Lite 元数据为模型描述提供了标准，元数据是关于模型做什么及其输入 / 输出信息的重要信息来源，它由以下两个元素组成。

- 在使用模型时传达最佳实践的可读部分。
- 代码生成器可以利用的机器可读部分，例如 TensorFlow Lite Android 代码生成器 和 Android Studio ML 绑定功能。

扫码观看本节视频讲解

在 TensorFlow Lite 托管模型和 TensorFlow Hub 上发布的所有图像模型中，都已经填充了元数据。

4.2.1 具有元数据格式的模型

带有元数据和关联文件的 TFLite 模型的结构如图 4-4 所示。

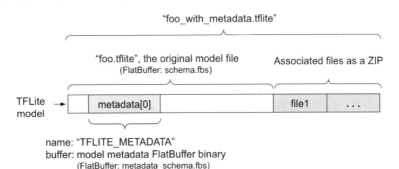

图 4-4 带有元数据和关联文件的 TFLite 模型

模型中的元数据定义了 metadata_schema.fbs，它存储在 TFLite 模型架构的 metadata 字段中，名称为 TFLITE_METADATA。某些模型可能包含相关文件，例如分类标签文件。这些文件使用 ZipFile "附加"模式（mode）作为 zip 连接到原始模型文件的末尾。TFLite Interpreter 可以像以前一样使用新的文件格式。

在将元数据添加到模型之前，需要安装 tflite-support 工具：

```
pip install tflite-support
```

4.2.2 使用 Flatbuffers Python API 添加元数据

要为 TensorFlow Lite 任务库中支持的 ML 任务创建元数据，需要使用 TensorFlow Lite 元数据编写库中的高级 API。模型元数据的架构由以下三个部分组成。

- 模型信息：模型的总体描述以及许可条款等项目。
- 输入信息：所需的输入和预处理（如规范化）的描述。
- 输出信息：所需的输出和后处理的描述，例如映射到标签。

由于此时生成的 TensorFlow Lite 仅支持单个子图，所以在显示元数据和生成代码时，TensorFlow Lite 代码生成器 和 Android Studio ML 绑定功能将使用 ModelMetadata.nameandModelMetadata.description 实现，而不是使用 SubGraphMetadata.nameand SubGraphMetadata.description 实现。

1）支持的"输入 / 输出"类型

在设计用于输入和输出的 TensorFlow Lite 元数据时，并没有考虑特定的模型类型，而是考虑了输入和输出类型。模型在功能上具体做什么并不重要，只要输入和输出类型由以下选项或以下选项组合而成，TensorFlow Lite 元数据就支持这个模型。

- 功能：无符号整数或 float32 的数字。
- 图像：元数据目前支持 RGB 和灰度图像。
- 边界框：矩形边界框。

2）打包相关文件

TensorFlow Lite 模型可能带有不同的关联文件，例如，自然语言模型通常具有将单词片段映射到单词 ID 的 vocab 文件；分类模型可能具有指示对象类别的标签文件。如果没有相关文件，模型将无法正常运行。

我们可以通过元数据 Python 库将关联文件与模型捆绑在一起，这样新的 TensorFlow Lite 模型将变成一个包含模型和相关文件的 zip 文件，可以用 zip 工具解压。这种新的模型格式继续使用相同的文件扩展名 ".tflite"，这与现有的 TFLite 框架和解释器兼容。

另外，关联的文件信息可以被记录在元数据中，根据文件类型和文件附加到对应的位置（即 ModelMetadata、SubGraphMetadata 和 TensorMetadata）。

3）归一化和量化参数

归一化是机器学习中常见的数据预处理技术，其目标是将值更改为通用标度，而不会扭曲值范围的差异。模型量化是一种技术，它允许降低权重的精度表示以及可选的存储和计算技术。在预处理和后处理方面，归一化和量化是两个独立的步骤，具体说明如表 4-1 所示。

表 4-1　归一化和量化

项　　目	归一化	量　　化
MobileNet 中输入图像的参数值示例，分别用于 float 和 quant 模型	浮动模型： - mean：127.5 -std：127.5 量化模型： - mean：127.5 - std：127.5	浮点模型： - zeroPoint：0 - scale：1.0 定量模型： - zeroPoint：128.0 - scale：0.0078125f
什么时候调用	Inputs 输入：如果在训练中对输入数据进行了归一化处理，则推理的输入数据也需要进行相应的归一化处理； Outputs 输出：输出数据一般不会被标准化	浮点模型不需要量化。 量化模型在前 / 后处理中可能需要也可能不需要量化，这取决于输入 / 输出张量的数据类型。 -float tensors：不需要在前 / 后处理中进行量化； - int8/uint8 张量：需要在预处理 / 后处理中进行量化
公式	normalized_input = (input - mean) /std	输入量化： q = f / scale + zeroPoint 输出量化： f = (q - zeroPoint) * scale
参数在哪里	由模型创建者填充并存储在模型元数据中，如 NormalizationOptions	由 TFLite 转换器自动填充，并存储在 TFlite 模型文件中
如何获取参数	通过 MetadataExtractorAPI [2]	通过 TFLite TensorAPI 或 MetadataExtractorAPI 实现
float 和 quant 模型共享相同的值吗	是的，float 和 quant 模型具有相同的归一化参数	浮点模型不需要量化
TFLite 代码生成器或 Android Studio ML 绑定在数据处理中会自动生成吗	是	是

在处理 uint8 模型的图像数据时，有时会跳过归一化和量化步骤。当像素值在 [0, 255] 范围时，这样做是可以的。但一般来说，应该始终根据适用的归一化和量化参数处理数据。如果在元数据中设置 NormalizationOptions 参数，TensorFlow Lite 任务库可以为我们解决规范化工作，量化和反量化处理总是被封装。

请看下面的例子，演示在图像分类中创建元数据的过程。

（1）创建一个新的模型信息，代码如下：

```
from tflite_support import flatbuffers
from tflite_support import metadata as _metadata
from tflite_support import metadata_schema_py_generated as _metadata_fb


""" ... """
"""为图像分类器创建元数据"""
```

```
# Creates model info.
model_meta = _metadata_fb.ModelMetadataT()
model_meta.name = "MobileNetV1 image classifier"
model_meta.description = ("Identify the most prominent object in the "
                         "image from a set of 1,001 categories such as "
                         "trees, animals, food, vehicles, person etc.")
model_meta.version = "v1"
model_meta.author = "TensorFlow"
model_meta.license = ("Apache License. Version 2.0 "
                      "http://www.apache.org/licenses/LICENSE-2.0.")
```

（2）输入/输出信息。

下面介绍如何描述模型的输入和输出签名，自动代码生成器可以使用该元数据来创建预处理和后处理代码。创建有关张量的输入或输出信息的代码如下：

```
#创建输入
input_meta = _metadata_fb.TensorMetadataT()

#创建输出
output_meta = _metadata_fb.TensorMetadataT()
```

（3）图像输入。

图像是机器学习的常见输入类型，TensorFlow Lite 元数据支持颜色空间等信息和标准化等预处理信息。图像的尺寸不需要手动指定，因为它已经由输入张量的形状提供并且可以自动推断。实现图像输入的代码如下：

```
input_meta.name = "image"
input_meta.description = (
    "Input image to be classified. The expected image is {0} x {1}, with "
    "three channels (red, blue, and green) per pixel. Each value in the "
    "tensor is a single byte between 0 and 255.".format(160, 160))
input_meta.content = _metadata_fb.ContentT()
input_meta.content.contentProperties = _metadata_fb.ImagePropertiesT()
input_meta.content.contentProperties.colorSpace = (
    _metadata_fb.ColorSpaceType.RGB)
input_meta.content.contentPropertiesType = (
    _metadata_fb.ContentProperties.ImageProperties)
input_normalization = _metadata_fb.ProcessUnitT()
input_normalization.optionsType = (
    _metadata_fb.ProcessUnitOptions.NormalizationOptions)
input_normalization.options = _metadata_fb.NormalizationOptionsT()
input_normalization.options.mean = [127.5]
input_normalization.options.std = [127.5]
input_meta.processUnits = [input_normalization]
input_stats = _metadata_fb.StatsT()
input_stats.max = [255]
input_stats.min = [0]
```

```
input_meta.stats = input_stats
```

（4）使用 TENSOR_AXIS_LABELS 实现标签输出，代码如下：

```
#创建输出信息
output_meta = _metadata_fb.TensorMetadataT()
output_meta.name = "probability"
output_meta.description = "Probabilities of the 1001 labels respectively."
output_meta.content = _metadata_fb.ContentT()
output_meta.content.content_properties = _metadata_fb.FeaturePropertiesT()
output_meta.content.contentPropertiesType = (
    _metadata_fb.ContentProperties.FeatureProperties)
output_stats = _metadata_fb.StatsT()
output_stats.max = [1.0]
output_stats.min = [0.0]
output_meta.stats = output_stats
label_file = _metadata_fb.AssociatedFileT()
label_file.name = os.path.basename("your_path_to_label_file")
label_file.description = "Labels for objects that the model can recognize."
label_file.type = _metadata_fb.AssociatedFileType.TENSOR_AXIS_LABELS
output_meta.associatedFiles = [label_file]
```

（5）创建元数据 Flatbuffers，通过如下代码将模型信息与输入输出信息结合起来。

```
#创建子图信息
subgraph = _metadata_fb.SubGraphMetadataT()
subgraph.inputTensorMetadata = [input_meta]
subgraph.outputTensorMetadata = [output_meta]
model_meta.subgraphMetadata = [subgraph]

b = flatbuffers.Builder(0)
b.Finish(
    model_meta.Pack(b),
    _metadata.MetadataPopulator.METADATA_FILE_IDENTIFIER)
metadata_buf = b.Output()
```

（6）将元数据和相关文件打包到模型中，在创建元数据 Flatbuffers 后，通过以下 populate 方法将元数据和标签文件写入 TFLite 文件。

```
populator = _metadata.MetadataPopulator.with_model_file(model_file)
populator.load_metadata_buffer(metadata_buf)
populator.load_associated_files(["your_path_to_label_file"])
populator.populate()
```

可以将任意数量的关联文件打包到 load_associated_files 模型中，但是，至少需要打包元数据中记录的那些文件。在这个例子中，打包标签文件是强制性的。

（7）可视化元数据。

可以使用 Netron 来可视化元数据，或者使用以下命令将元数据从 TensorFlow Lite 模型读取为 JSON 格式的 MetadataDisplayer：

```
displayer = _metadata.MetadataDisplayer.with_model_file(export_model_path)
export_json_file = os.path.join(FLAGS.export_directory,
                    os.path.splitext(model_basename)[0] + ".json")
json_file = displayer.get_metadata_json()
#可选：将元数据写入JSON文件
with open(export_json_file, "w") as f:
  f.write(json_file)
```

at the end and back the deselected mirror modifier object
ob.select = 1
ob.select=1
ntext.scene.objects.active = modifier_ob
nt("Selected" + str(modifier_ob)) # modifier ob is the active ob
mirror ob.select = 0
e = bpy.context.selected_objects[0]
y.data.objects[one.name].select = 1

print("please select exactly two objects, the last one gets th

----- OPERATOR CLASSES -----

第 5 章

推断

推断也被称为推理,是一个技术术语,是指在移动设备上执行 TensorFlow Lite 模型以根据输入数据进行预测的过程。要想使用 TensorFlow Lite 模型执行推理,必须通过解释器运行它。TensorFlow Lite 解释器使用静态图排序和自定义(非动态)内存分配器来确保最小的负载、初始化和执行延迟。在本章的内容中,将详细讲解 TensorFlow Lite 推断的知识。

5.1 TensorFlow Lite 推断的基本知识

在本节的内容中，将首先讲解 TensorFlow Lite 推断的基础知识，包括推断的基本
步骤和支持的移动平台。

扫码观看本节视频讲解

5.1.1 推断的基本步骤

在开发过程中，实现 TensorFlow Lite 推断的基本步骤如下所示。

（1）加载模型。必须将 ".tflite" 模型加载到内存中，其中包含模型的执行图。

（2）转换数据。模型的原始输入数据通常与模型预期的输入数据格式不匹配。例如，可能需要调整
图像大小或更改图像格式以与模型兼容。

（3）运行推断。此步骤使用 TensorFlow Lite API 来执行模型，它涉及几个步骤，例如，构建解释器
和分配张量。

（4）输出解释。当收到模型推断的结果时，必须以一种对我们的应用程序有意义的方式来解释张量。
例如，一个模型可能只返回一个概率列表。可以将概率映射到相关类别，并将其呈现给最终用户。

5.1.2 推断支持的平台

TensorFlow 的推断 API 提供了对多种编程语言的支持，可以支持多种移动和嵌入式平台，例如
Android、iOS 和 Linux。在大多数情况下，API 反映了对性能的偏好而不是易用性。TensorFlow Lite 专
门提供了在小型设备上进行快速推断的 API，这些 API 会以牺牲便利性为代价来避免不必要的开发代价。
同样，与 TensorFlow API 的一致性也不是一个明确的目标，语言之间的一些差异是可以预料的。

1）Android 平台

在 Android 系统上，可以使用 Java API 或 C++ API 执行 TensorFlow Lite 推断。通过使用 Java API，
可以直接在 Android 的 Activity 类中进行 TensorFlow Lite 推断。C++ API 提供了更多的灵活性和速度，但
是可能需要编写 JNI 包装器在 Java 和 C++ 层之间移动数据。

对于使用元数据增强的 TensorFlow Lite 模型，开发人员可以使用 TensorFlow Lite Android 包装器代
码生成器来创建特定平台的包装器代码。包装器代码消除了直接与 ByteBufferAndroid 交互的需要，取而
代之的是开发者可以使用类型对象实现，例如，用 TensorFlow 精简版模型交互 Bitmap 和 Rect。

2）iOS 平台

在 iOS 平台中，TensorFlow Lite 可以与用 Swift 和 Objective-C 编写的原生 iOS 库一起使用，还可以
直接在 Objective-C 代码中使用 C API。

3）Linux 平台（包括 Raspberry Pi）

开发者可以使用 C++ 和 Python 中可用的 TensorFlow Lite API 运行推断。

5.2 运行模型

扫码观看本节视频讲解

运行 TensorFlow Lite 模型的基本步骤如下。

（1）将模型加载到内存中。

（2）基于现有模型构建一个 Interpreter 类。

（3）输入张量值，如果不需要预定义的大小，可以调整输入张量的大小。

（4）调用推断。

（5）读取输出张量值。

5.2.1 在 Java 程序中加载和运行模型

在 Android 平台中，经常需要使用 Java API 运行 TensorFlow Lite 推断，此时被用作 Android 库的依赖项：org.tensorflow:tensorflow-lite。在 Java 程序中，将使用类 Interpreter 加载模型并驱动模型推理。在许多情况下，这可能是开发者唯一需要的 API。我们可以使用 .tflite 文件初始化一个 Interpreter 对象，例如：

```
public Interpreter(@NotNull File modelFile);
```

或者用一个 MappedByteBuffer 实现：

```
public Interpreter(@NotNull MappedByteBuffer mappedByteBuffer);
```

在上述两种情况下，都必须提供有效的 TensorFlow Lite 模型或 API throws IllegalArgumentException。如果使用 MappedByteBuffer 初始化 Interpreter，则它必须在 Interpreter 的整个生命周期内保持不变。

在模型上运行推理的首选方法是使用签名，这非常适用于从 Tensorflow 2.5 开始转换的模型。例如：

```
try (Interpreter interpreter = new Interpreter(file_of_tensorflowlite_model)) {
  Map<String, Object> inputs = new HashMap<>();
  inputs.put("input_1", input1);
  inputs.put("input_2", input2);
  Map<String, Object> outputs = new HashMap<>();
  outputs.put("output_1", output1);
  interpreter.runSignature(inputs, outputs, "mySignature");
}
```

在上述代码中，方法 runSignature() 有如下所示的三个参数。

- Inputs：将输入从签名中的输入名称映射到输入对象。
- Outputs：用于从签名中的输出名称映射到输出数据。
- Signature Name [optional]：签名的名称（如果模型有单一签名可以留空）。

还有一种当模型没有定义签名时运行推理的方法，此时只需调用方法 Interpreter.run()。例如：

```
try (Interpreter interpreter = new Interpreter(file_of_a_tensorflowlite_model)) {
    interpreter.run(input, output);
}
```

上述方法 run() 只接受一个输入并且只返回一个输出。因此，如果模型有多个输入或多个输出，请使用如下方式实现：

```
interpreter.runForMultipleInputsOutputs(inputs, map_of_indices_to_outputs);
```

在这种情况下，输入中的每个条目 Inputs 对应一个输入张量，并将 map_of_indices_to_outputs 输出张量的索引映射到相应的输出数据。

无论是使用 tflite 文件初始化一个 Interpreter 对象，还是用一个 MappedByteBuffer 实现的方法，张量索引应对应于我们在创建模型时提供给 TensorFlow Lite 转换器的值。请注意，张量的顺序 input 必须与提供给 TensorFlow Lite 转换器的顺序相匹配。

另外，该 Interpreter 对象还提供了获取使用操作名称的任何模型输入或输出的索引方便的功能：

```
public int getInputIndex(String opName);
public int getOutputIndex(String opName);
```

如果 opName 不是模型中的有效操作，那么会抛出一个 IllegalArgumentException 异常。另外，还要注意 Interpreter 拥有的资源。为避免内存泄漏问题，在使用资源后必须通过以下代码进行释放：

```
interpreter.close();
```

要在 Java 程序中使用 TensorFlow Lite，输入和输出张量的数据类型必须是以下原始类型之一：float、int、long 和 byte。

String 也支持类型，但是它们的编码方式与原始类型不同。特别是，字符串 Tensor 的形状决定了 Tensor 中字符串的数量和排列，每个元素本身都是一个可变长度的字符串。从这个意义上说，张量（字节）的大小不能单独用形状和类型计算，因此字符串不能作为单个平面 ByteBuffer 参数来提供。

如果使用其他数据类型，如 Integer 和 Float，则会抛出 IllegalArgumentException 异常。

1）输入

每个输入应该是支持的原始类型的数组或多维数组，或者是 ByteBuffer 适当大小的原始数据。如果输入的是数组或多维数组，则关联的输入张量将在推理时隐式调整为数组的维度。如果输入的是 ByteBuffer，则调用者应在 Interpreter.resizeInput() 运行推理之前手动调整关联输入张量的大小。

在使用 ByteBuffer 时，应该使用直接字节缓冲区，这样 Interpreter 可以避免不必要的副本。如果 ByteBuffer 是直接字节缓冲区，其顺序必须保持不变，直到模型推断完成为止。

2）输出

每个输出应该是受支持的原始类型的数组或多维数组，或适当大小的 ByteBuffer。请注意，某些模型具有动态输出，其中输出张量的形状可能因输入而异。使用现有的 Java 推理 API，没有直接的方法来处理这个问题，但计划中的扩展将使这成为可能。

5.2.2 在 Swift 程序中加载和运行模型

Swift 是开发 iOS 程序的编程语言，通过使用 Swift API，可以从 CocoaPods 获得 TensorFlowLiteSwift Pod。首先，需要导入 TensorFlowLite 模块，例如下面的代码：

```swift
import TensorFlowLite

//获取模型路径
guard
  let modelPath = Bundle.main.path(forResource: "model", ofType: "tflite")
else {
  //错误处理...
}

do {
  //使用模型初始化解释器
  let interpreter = try Interpreter(modelPath: modelPath)

  //为模型输入的Tensor分配内存
  try interpreter.allocateTensors()

  let inputData: Data    //初始化

  //准备输入数据

  //将输入数据复制到输入张量
  try self.interpreter.copy(inputData, toInputAt: 0)

  //通过调用Interpreter解释器运行推断
  try self.interpreter.invoke()

  //得到输出张量
  let outputTensor = try self.interpreter.output(at: 0)

  //将输出复制到OutputData以处理推断结果
  let outputSize = outputTensor.shape.dimensions.reduce(1, {x, y in x * y})
  let outputData =
      UnsafeMutableBufferPointer<Float32>.allocate(capacity: outputSize)
  outputTensor.data.copyBytes(to: outputData)

  if (error != nil) { /* Error handling... */ }
} catch error {
  //错误处理
}
```

5.2.3 在 Objective-C 程序中加载和运行模型

Objective-C 是开发 iOS 程序的编程语言，通过使用 Objective-C API，可以从 CocoaPods 获得 TensorFlowLiteSwift Pod。首先，需要导入 TensorFlowLite 模块，例如下面的代码：

```objectivec
@import TensorFlowLite;

NSString *modelPath = [[NSBundle mainBundle] pathForResource:@"model"
                                                      ofType:@"tflite"];
NSError *error;

//使用模型初始化Interprete解释器
TFLInterpreter *interpreter = [[TFLInterpreter alloc] initWithModelPath:modelPath
                                                    error:&error];
if (error != nil) { /* Error handling... */ }

//为模型的输入TFLTensor分配内存
[interpreter allocateTensorsWithError:&error];
if (error != nil) { /* Error handling... */ }

NSMutableData *inputData;  // Should be initialized
//准备输入数据

// 获取TFLTensor输入
TFLTensor *inputTensor = [interpreter inputTensorAtIndex:0 error:&error];
if (error != nil) { /* Error handling... */ }

//将输入数据复制到输入文件TFLTensor
[inputTensor copyData:inputData error:&error];
if (error != nil) { /* Error handling... */ }

//通过调用TFLInterpreter运行推断
[interpreter invokeWithError:&error];
if (error != nil) { /* Error handling... */ }

//获取输出TFLTensor
TFLTensor *outputTensor = [interpreter outputTensorAtIndex:0 error:&error];
if (error != nil) { /* 错误处理... */ }

//将输出复制到NSData以处理推断结果
NSData *outputData = [outputTensor dataWithError:&error];
if (error != nil) { /* 错误处理... */ }
```

5.2.4 在 Objective-C 中使用 C API

目前，Objective-C API 不支持委托。为了在 Objective-C 代码中使用委托，需要直接调用底层 C API。例如下面的代码：

```
#include "tensorflow/lite/c/c_api.h"

TfLiteModel* model = TfLiteModelCreateFromFile([modelPath UTF8String]);
TfLiteInterpreterOptions* options = TfLiteInterpreterOptionsCreate();

//创建 interpreter解释器
TfLiteInterpreter* interpreter = TfLiteInterpreterCreate(model, options);

//分配张量并填充输入张量数据
TfLiteInterpreterAllocateTensors(interpreter);
TfLiteTensor* input_tensor =
    TfLiteInterpreterGetInputTensor(interpreter, 0);
TfLiteTensorCopyFromBuffer(input_tensor, input.data(),
                           input.size() * sizeof(float));

//执行推断
TfLiteInterpreterInvoke(interpreter);

//提取输出张量数据
const TfLiteTensor* output_tensor =
    TfLiteInterpreterGetOutputTensor(interpreter, 0);
TfLiteTensorCopyToBuffer(output_tensor, output.data(),
                         output.size() * sizeof(float));

//处理模型和解释器对象
TfLiteInterpreterDelete(interpreter);
TfLiteInterpreterOptionsDelete(options);
TfLiteModelDelete(model);
```

5.2.5 在 C++ 中加载和运行模型

在 C++ 中，模型存储在类 FlatBufferModel 中，封装了一个 TensorFlow Lite 模型，具体使用什么方式构建模型，取决于模型的存储位置。例如下面的代码：

```
class FlatBufferModel {
  //基于文件构建模型。如果出现故障，则返回nullptr
  static std::unique_ptr<FlatBufferModel> BuildFromFile(
      const char* filename,
      ErrorReporter* error_reporter);
```

//基于预加载的**flatbuffer**构建模型。调用方保留缓冲区的所有权，并使其保持活动状态

```
//直到销毁返回的对象。如果出现故障，则返回nullptr
  static std::unique_ptr<FlatBufferModel> BuildFromBuffer(
      const char* buffer,
      size_t buffer_size,
      ErrorReporter* error_reporter);
};
```

如果 TensorFlow Lite 检测到 Android NNAPI 的存在，会自动尝试使用共享内存来存储 FlatBufferModel。现在将模型作为 FlatBufferModel 对象，然后使用 Interpreter 解释器来处理，可以多人同时使用 Interpreter 处理一个 FlatBufferModel。

Interpreter API 的重要部分显示在下面的代码片段中，大家需要注意：

- 张量由整数表示，以避免字符串比较（以及对字符串库的任何固定依赖）。
- 不能从并发线程访问解释器。
- 必须通过AllocateTensors()在调整张量大小后立即调用来触发输入和输出张量的内存分配。

TensorFlow Lite 与 C++ 的最简单用法如下：

```
//加载模型
std::unique_ptr<tflite::FlatBufferModel> model =
    tflite::FlatBufferModel::BuildFromFile(filename);

//编译interpreter
tflite::ops::builtin::BuiltinOpResolver resolver;
std::unique_ptr<tflite::Interpreter> interpreter;
tflite::InterpreterBuilder(*model, resolver)(&interpreter);

//如果需要，调整输入张量的大小
interpreter->AllocateTensors();

float* input = interpreter->typed_input_tensor<float>(0);
//填充input
interpreter->Invoke();

float* output = interpreter->typed_output_tensor<float>(0);
```

5.2.6　在 Python 中加载和运行模型

在 tf.lite 模块中提供了用于运行推理的 Python API，例如，下面的实例演示了如何使用 Python 解释器加载 ".tflite" 文件并使用随机输入数据运行推理的过程。如果使用已定义的 SignatureDef 转换 SavedModel 模型文件，则建议使用此实例的用法。

```
class TestModel(tf.Module):
  def __init__(self):
    super(TestModel, self).__init__()

  @tf.function(input_signature=[tf.TensorSpec(shape=[1, 10], dtype=tf.float32)])
```

```
    def add(self, x):
      '''
     #接受单个输入的简单方法，输入x 并返回 x + 4
      '''
      #为方便起见，将输出命名为result
      return {'result' : x + 4}


SAVED_MODEL_PATH = 'content/saved_models/test_variable'
TFLITE_FILE_PATH = 'content/test_variable.tflite'

#保存模型
module = TestModel()
#省略signatures参数，并将创建一个名为serving_default的默认签名
tf.saved_model.save(
    module, SAVED_MODEL_PATH,
    signatures={'my_signature':module.add.get_concrete_function()})

#使用TFLiteConverter转换模型
converter = tf.lite.TFLiteConverter.from_saved_model(SAVED_MODEL_PATH)
tflite_model = converter.convert()
with open(TFLITE_FILE_PATH, 'wb') as f:
  f.write(tflite_model)

#在TFLite解释器中加载TFLite模型
interpreter = tf.lite.Interpreter(TFLITE_FILE_PATH)
#因为在模型中只定义了1个签名，所以在默认情况下将返回该签名
#如果有多个签名，那么我们可以传递名称
my_signature = interpreter.get_signature_runner()

#my_signature可以使用输入作为参数调用
output = my_signature(x=tf.constant([1.0], shape=(1,10), dtype=tf.float32))
#output是包含推理所有输出的字典，在这种情况下有单个输出 result
print(output['result'])
```

如果模型没有定义 SignatureDefs，可以通过如下代码实现转换。

```
import numpy as np
import tensorflow as tf

#加载TFLite模型并分配张量
interpreter = tf.lite.Interpreter(model_path="converted_model.tflite")
interpreter.allocate_tensors()

#获取输入和输出张量
input_details = interpreter.get_input_details()
output_details = interpreter.get_output_details()

#在随机输入数据上测试模型
```

```
input_shape = input_details[0]['shape']
input_data = np.array(np.random.random_sample(input_shape), dtype=np.float32)
interpreter.set_tensor(input_details[0]['index'], input_data)

interpreter.invoke()

#函数get_tensor返回张量数据的副本
#使用tensor获取指向该张量的指针
output_data = interpreter.get_tensor(output_details[0]['index'])
print(output_data)
```

作为将模型加载为预转换 ".tflite" 文件的替代方法，可以将代码与 TensorFlow Lite Converter Python API（tf.lite.TFLiteConverter）结合起来，允许将 TensorFlow 模型转换为 TensorFlow Lite 格式，然后运行推断。例如下面的代码：

```
import numpy as np
import tensorflow as tf

img = tf.placeholder(name="img", dtype=tf.float32, shape=(1, 64, 64, 3))
const = tf.constant([1., 2., 3.]) + tf.constant([1., 4., 4.])
val = img + const
out = tf.identity(val, name="out")

#转换为TFLite格式
with tf.Session() as sess:
  converter = tf.lite.TFLiteConverter.from_session(sess, [img], [out])
  tflite_model = converter.convert()

#加载TFLite模型并分配张量
interpreter = tf.lite.Interpreter(model_content=tflite_model)
interpreter.allocate_tensors()
```

5.3 运算符操作

TensorFlow Lite 支持许多常见推理模型中使用的 TensorFlow 操作，由于它们由 TensorFlow Lite 优化转换器处理，因此在支持的操作映射到它们的 TensorFlow Lite 对应项之前，这些操作可能会被省略或融合。由于 TensorFlow Lite 内置的运算符库仅支持有限数量的 TensorFlow 运算符，因此并非每个模型都可以转换。即使对于受支持的操作，出于性能原因，有时也需要非常具体的使用模式。

扫码观看本节视频讲解

⊙ 5.3.1 运算符操作支持的类型

大多数 TensorFlow Lite 操作都针对浮点（float32）和量化（uint8, int8）类型进行推断，但许多操作还没有针对其他类型，如 tf.float16 和字符串。

　　除了使用不同版本的运算之外，浮点模型和量化模型之间的另一个区别是它们的转换方式。量化转换需要张量的动态范围信息。这需要在模型训练期间进行"假量化"，通过校准数据集获取范围信息，或进行"即时"范围估计。

　　TensorFlow Lite 支持 TensorFlow 操作的子集，但有一些限制。TensorFlow Lite 可以处理许多 TensorFlow 操作，即使它们没有直接的等价物。对于可以简单地从图中移除（tf.identity）、替换为张量（tf.placeholder）或融合为更复杂的操作（tf.nn.bias_add）的操作情况就是如此。甚至某些受支持的操作有时可能会通过这些过程之一被删除。

5.3.2　从 TensorFlow 中选择运算符

　　TensorFlow Lite 已经内置了很多运算符，并且还在不断扩展，但是仍然还有一部分 TensorFlow 运算符没有被 TensorFlow Lite 支持，这些不被支持的运算符会给 TensorFlow Lite 的模型转换带来一些阻力。为了减少模型转换的阻力，TensorFlow Lite 开发团队最近一直致力于一个实验性功能的开发。

　　TensorFlow Lite 会继续为移动设备和嵌入式设备优化内置的运算符，但是直到现在，当 TensorFlow Lite 内置的运算符不够的时候，TensorFlow Lite 模型可以使用部分 TensorFlow 的运算符。

　　TensorFlow Lite 解释器在处理转换后的包含 TensorFlow 运算符的模型时，会比处理只包含 TensorFlow Lite 内置运算符的模型占用更多的空间。并且在 TensorFlow Lite 模型中包含的任何 TensorFlow 运算符的性能都不会被优化。

1. 转换模型

　　为了能够转换包含 TensorFlow 运算符的 TensorFlow Lite 模型，可以使用位于 TensorFlow Lite 转换器中的参数 target_spec.supported_ops。参数 target_spec.supported_ops 的可选值如下。

- TFLITE_BUILTINS：使用 TensorFlow Lite内置运算符转换模型。
- SELECT_TF_OPS：使用 TensorFlow运算符转换模型。

　　建议大家优先使用 TFLITE_BUILTINS 转换模型，然后同时使用 TFLITE_BUILTINS 和 SELECT_TF_OPS，最后只使用 SELECT_TF_OPS。同时使用两个选项（也就是 TFLITE_BUILTINS 和 SELECT_TF_OPS）会用 TensorFlow Lite 内置的运算符去转换支持的运算符。有些 TensorFlow 运算符 TensorFlow Lite 只支持部分用法，这时可以使用 SELECT_TF_OPS 选项来避免这种局限性。

　　请看下面的代码，演示了通过 Python API 中的 TFLiteConverter 转换模型的过程。

```
import tensorflow as tf

converter = tf.lite.TFLiteConverter.from_saved_model("123")
converter.target_spec.supported_ops = [tf.lite.OpsSet.TFLITE_BUILTINS,
                                       tf.lite.OpsSet.SELECT_TF_OPS]
tflite_model = converter.convert()
open("converted_model.tflite", "wb").write(tflite_model)
```

下面演示了在命令行工具 tflite_convert 中通过 target_ops 标记实现模型转换的过程。

```
tflite_convert \
  --output_file=/tmp/foo.tflite \
  --graph_def_file=/tmp/foo.pb \
  --input_arrays=input \
  --output_arrays=MobilenetV1/Predictions/Reshape_1 \
  --target_ops=TFLITE_BUILTINS,SELECT_TF_OPS
```

如果直接使用 bazel 编译并运行 tflite_convert，需要传入参数 --define=with_select_tf_ops=true，例如：

```
bazel run --define=with_select_tf_ops=true tflite_convert -- \
  --output_file=/tmp/foo.tflite \
  --graph_def_file=/tmp/foo.pb \
  --input_arrays=input \
  --output_arrays=MobilenetV1/Predictions/Reshape_1 \
  --target_ops=TFLITE_BUILTINS,SELECT_TF_OPS
```

2. 运行模型

如果 TensorFlow Lite 模型在转换的时候支持 TensorFlow select 运算符，那么在 Tensorflow Lite 运行时必须包含 TensorFlow 运算符的库。

1）安卓 AAR

为了便于使用，新增了一个支持 TensorFlow select 运算符的 Android AAR。如果已经有了可用的 TensorFlow Lite 编译环境，可以按照下面的方式编译支持使用 TensorFlow select 运算符的 Android AAR：

```
bazel build --cxxopt='--std=c++11' -c opt \
  --config=android_arm --config=monolithic \
  //tensorflow/lite/java:tensorflow-lite-with-select-tf-ops
```

上面的命令会在 bazel-genfiles/tensorflow/lite/java/ 目录下生成一个 AAR 文件，我们可以直接将这个 AAR 文件导入项目中，也可以将其发布到本地的 Maven 仓库：

```
mvn install:install-file \
  -Dfile=bazel-genfiles/tensorflow/lite/java/tensorflow-lite-with-select-tf-ops.aar \
  -DgroupId=org.tensorflow \
  -DartifactId=tensorflow-lite-with-select-tf-ops -Dversion=0.1.100 -Dpackaging=aar
```

最后，在应用的 build.gradle 文件中需要保证有 mavenLocal() 依赖，并且需要用支持 TensorFlow select 运算符的 TensorFlow Lite 依赖替换标准的 TensorFlow Lite 依赖：

```
allprojects {
    repositories {
        jcenter()
        mavenLocal()
    }
}

dependencies {
    implementation 'org.tensorflow:tensorflow-lite-with-select-tf-ops:0.1.100'
}
```

2）iOS

如果安装了 XCode 命令行工具，可以用下面的命令编译支持 TensorFlow select 运算符的 TensorFlow Lite：

```
tensorflow/contrib/makefile/build_all_ios_with_tflite.sh
```

上述命令会在 tensorflow/contrib/makefile/gen/lib/ 目录下生成所需要的静态链接库。

一个支持 TensorFlow select 运算符的 TensorFlow Lite XCode 项目已经添加在官方源码库 tensorflow/lite/examples/ios/camera/tflite_camera_example_with_select_tf_ops.xcodeproj 中。如果想要在项目中使用这个功能，可以克隆官方源码项目，也可以按照下面的方式对项目进行设置。

首先，在 Build Phases → Link Binary With Libraries 中，添加 tensorflow/contrib/makefile/gen/lib/ 目录中的静态库：

- libtensorflow-lite.a
- libprotobuf.a
- nsync.a

然后，在 Build Settings → Header Search Paths 中，添加下面的路径：

- tensorflow/lite/
- tensorflow/contrib/makefile/downloads/flatbuffer/include
- tensorflow/contrib/makefile/downloads/eigen

最后，在 Build Settings → Other Linker Flags 中，添加 -force_load tensorflow/contrib/makefile/gen/lib/libtensorflow-lite.a。

5.3.3　自定义运算符

由于 TensorFlow Lite 的内置库仅支持有限数量的 TensorFlow 运算符，所以并非所有模型都可以转换。为了进行转换，用户可以在 TensorFlow Lite 中提供不受支持的 TensorFlow 运算符的自定义实现（称为自定义运算符），并且将一系列不受支持（或受支持）的 TensorFlow 运算符组合到一个融合的优化自定义运算符中。

使用自定义运算符的基本步骤如下。

（1）创建 TensorFlow 模型：确保 Saved Model（或 Graph Def）引用正确命名的 TensorFlow Lite 运算符。

（2）转换为 TensorFlow Lite 模型，确保设置正确的 TensorFlow Lite 转换器属性，以便成功转换模型。

（3）创建并注册该运算符，这样做的目的是使 TensorFlow Lite 运行时知道如何将计算图中的运算符和参数映射到可执行的 C/C++ 代码。

（4）对运算符进行测试和性能分析。如果只是想测试自定义运算符，最好仅使用自定义运算符来创建模型，并使用 benchmark_model 程序。

接下来通过一个端到端的实例演示自定义运算符的方法，运行一个具有自定义运算符的模型，该运算符为 tf.sin（名为 Sin），这在 TensorFlow 中是支持的，但是在 TensorFlow Lite 中不被支持。

我们的目的是自定义一个 Sin 运算符，该运算符是 TensorFlow Lite 所没有的。（假设我们正在使用 Sin 运算符，并且正在为函数 y = sin(x + offset) 构建一个非常简单的模型，其中，offset 可训练）实例文件 zhuan.py 的具体实现流程如下。

1. 创建 TensorFlow 模型

下面的代码训练了一个简单的 TensorFlow 模型，这个模型只包含一个名为 Sin 的自定义运算符，它是一个函数 y = sin(x + offset)，其中，offset 是可训练的。

```
import tensorflow as tf
#定义训练数据集和变量
x = [-8, 0.5, 2, 2.2, 201]
y = [-0.6569866,0.99749499,0.14112001, -0.05837414,0.80641841]
offset = tf.Variable(0.0)

#定义一个只包含名为Sin的自定义运算符的简单模型
@tf.function
def sin(x):
  return tf.sin(x + offset, name="Sin")

#训练模型
optimizer = tf.optimizers.Adam(0.01)
def train(x, y):
    with tf.GradientTape() as t:
      predicted_y = sin(x)
      loss = tf.reduce_sum(tf.square(predicted_y - y))
    grads = t.gradient(loss, [offset])
    optimizer.apply_gradients(zip(grads, [offset]))

for i in range(1000):
    train(x, y)

print("The actual offset is: 1.0")
print("The predicted offset is:", offset.numpy())
```

执行后会输出：

```
The actual offset is: 1.0
The predicted offset is: 1.0000001
```

如果尝试使用默认转换器标志生成 TensorFlow Lite 模型，则会显示如下错误消息：

```
Error:
Some of the operators in the model are not supported by the standard TensorFlow
Lite runtime...... Here is
a list of operators for which you will need custom implementations: Sin.
```

2. 转换为 TensorFlow Lite 模型

通过使用设置的转换器属性 allow_custom_ops，创建一个具有自定义运算符的 TensorFlow Lite 模型，代码如下所示：

```
converter = tf.lite.TFLiteConverter.from_concrete_functions([sin.get_concrete_function(x)])
converter.allow_custom_ops = True;
tflite_model = converter.convert()
```

如果此时使用默认解释器运行，则会显示以下错误消息：

```
Error:
Didn't find custom operator for name 'Sin'
Registration failed.
```

3. 创建并注册运算符

所有的 TensorFlow Lite 运算符（自定义和内置），都使用由 4 个函数组成的简单纯 C 语言接口进行定义：

```
typedef struct {
  void* (*init)(TfLiteContext* context, const char* buffer, size_t length);
  void (*free)(TfLiteContext* context, void* buffer);
  TfLiteStatus (*prepare)(TfLiteContext* context, TfLiteNode* node);
  TfLiteStatus (*invoke)(TfLiteContext* context, TfLiteNode* node);
} TfLiteRegistration;
```

其中，TfLiteContext 提供错误报告功能和对全局对象（包括所有张量）的访问，TfLiteNode 允许实现访问其输入和输出。

当解释器加载模型时，它会为计算图中的每个节点调用一次 init()。如果在计算图中多次使用运算，则会多次调用给定的 init()。对于自定义运算，将提供配置缓冲区，其中包含将参数名称映射到它们的值的 flexbuffer。内置运算的缓冲区为空，因为解释器已经解析了运算参数。需要状态的内核实现应在此处对其进行初始化，并将所有权转移给调用者。对于每个 init() 调用，都会有一个相应的 free() 调用，允许实现释放它们可能在 init() 中分配的缓冲区。

每当调整输入张量的大小时，解释器都将遍历计算图以通知更改的实现。这使它们有机会调整其内部缓冲区的大小，检查输入形状和类型的有效性，以及重新计算输出形状。这一切都通过 prepare() 完成，且实现使用 node → user_data 访问它们的状态。

最后，每次运行推断时，解释器都会遍历调用 invoke() 的计算图，并且计算图中的状态也可为 node → user_data 所使用。

通过定义上述四个函数和通常如下所示的全局注册函数，自定义运算符可以使用与内置运算符完全相同的方式实现：

```
namespace tflite {
namespace ops {
namespace custom {
  TfLiteRegistration* Register_MY_CUSTOM_OP() {
    static TfLiteRegistration r = {my_custom_op::Init,
                                   my_custom_op::Free,
                                   my_custom_op::Prepare,
                                   my_custom_op::Eval};
    return &r;
```

```
    }
  } // namespace custom
  } // namespace ops
  } // namespace tflite
```

注意，注册不是自动实现的，而是应该在某处显式调用 Register_MY_CUSTOM_OP。标准 BuiltinOpResolver（可从 :builtin_ops 目标获得）负责注册内置算子，而自定义算子必须收集到单独的自定义库中。

4. 在 TensorFlow Lite 运行时自定义内核

要在 TensorFlow Lite 中使用算子，只需定义两个函数（Prepare 和 Eval），并构造 TfLiteRegistration：

```
TfLiteStatus SinPrepare(TfLiteContext* context, TfLiteNode* node) {
  using namespace tflite;
  TF_LITE_ENSURE_EQ(context, NumInputs(node), 1);
  TF_LITE_ENSURE_EQ(context, NumOutputs(node), 1);

  const TfLiteTensor* input = GetInput(context, node, 0);
  TfLiteTensor* output = GetOutput(context, node, 0);

  int num_dims = NumDimensions(input);

  TfLiteIntArray* output_size = TfLiteIntArrayCreate(num_dims);
  for (int i=0; i<num_dims; ++i) {
    output_size->data[i] = input->dims->data[i];
  }

  return context->ResizeTensor(context, output, output_size);
}

TfLiteStatus SinEval(TfLiteContext* context, TfLiteNode* node) {
  using namespace tflite;
  const TfLiteTensor* input = GetInput(context, node,0);
  TfLiteTensor* output = GetOutput(context, node,0);

  float* input_data = input->data.f;
  float* output_data = output->data.f;

  size_t count = 1;
  int num_dims = NumDimensions(input);
  for (int i = 0; i < num_dims; ++i) {
    count *= input->dims->data[i];
  }

  for (size_t i=0; i<count; ++i) {
    output_data[i] = sin(input_data[i]);
  }
  return kTfLiteOk;
```

```
}

TfLiteRegistration* Register_SIN() {
  static TfLiteRegistration r = {nullptr, nullptr, SinPrepare, SinEval};
  return &r;
}
```

在初始化 OpResolver 时，将自定义运算符添加到解析器中。这将向 Tensorflow Lite 注册运算符，以便 TensorFlow Lite 可以使用新的实现。请注意，TFLiteRegistration 中的最后两个参数对应于为自定义运算符定义的 SinPrepare 和 SinEval 函数。如果使用 SinInit 和 SinFree 函数分别初始化在运算符中使用的变量并释放空间，则它们将被添加到 TFLiteRegistration 的前两个参数中。在本实例中，这些参数被设置为 nullptr。

5. 在内核库中注册运算符

现在我们需要在内核库中注册运算符，此操作可通过 OpResolver 来完成。在后台，解释器将加载内核库，该库将被分配执行模型中的每个运算符。虽然默认库仅包含内置内核，但是可以使用自定义库来替换 / 增强默认库。

类 OpResolver 会将运算符代码和名称翻译成实际代码，其定义如下：

```
class OpResolver {
  virtual TfLiteRegistration* FindOp(tflite::BuiltinOperator op) const = 0;
  virtual TfLiteRegistration* FindOp(const char* op) const = 0;
  virtual void AddBuiltin(tflite::BuiltinOperator op, TfLiteRegistration* registration) = 0;
  virtual void AddCustom(const char* op, TfLiteRegistration* registration) = 0;
};
```

常规用法要求我们使用 BuiltinOpResolver 并编写以下代码：

```
tflite::ops::builtin::BuiltinOpResolver resolver;
```

要添加上面创建的自定义运算符，可以调用 AddCustom（在将解析器传递给 InterpreterBuilder 之前）实现：

```
resolver.AddCustom("Sin", Register_SIN());
```

如果觉得内置运算集过大，可以基于给定的运运算符集（可能只是包含在给定模型中运算）通过代码生成新的 OpResolver。这相当于 TensorFlow 的选择性注册（其简单版本可在 tools 目录中获得）。

如果想用 Java 定义自定义运算符，目前需要开发者自行构建自定义 JNI 层并在此 JNI 代码中编译自己的 AAR。同样，如果想定义在 Python 中可用的上述运算符，可以将注册放在 Python 封装容器代码中。

请注意，可以按照与上文类似的过程支持一组运算（而不是单个运算符），只需添加所需数量的 AddCustom 运算符。另外，BuiltinOpResolver 还允许使用 AddBuiltin 重写内置运算符的实现。

6. 对运算符进行测试和性能分析

要使用 TensorFlow Lite 基准测试工具来对运算符进行性能分析，可以使用 TensorFlow Lite 的基准模型工具。出于测试目的，可以通过向 register.cc 添加适当的 AddCustom 调用（如上所示），使本地构建的 TensorFlow Lite 认识我们创建的自定义运算符。

5.3.4　融合运算符

TensorFlow 运算既可以是基元运算（例如 tf.add），也可以是由其他基元运算（例如 tf.einsum）组成的运算。基元运算在 TensorFlow 计算图中显示为单个节点，而复合运算则是 TensorFlow 计算图中节点的集合。执行复合运算相当于执行组成该复合运算的每个基元运算。

融合运算对应于这样一种运算：将每个基元运算执行的所有计算都纳入相应的复合运算中。通过优化整体计算并减少内存占用，融合运算可以最大限度地提高其底层内核实现的性能。这非常有价值，特别适合低延迟推理工作负载和资源受限的移动平台。融合运算还提供了一个更高级别的接口来定义像量化一样的复杂转换，如果不使用融合运算，便无法或很难在更细粒度的级别上实现这种转换。

出于上述原因，TensorFlow Lite 中具有许多融合运算的实例。这些融合运算通常对应于源 TensorFlow 程序中的复合运算。TensorFlow 中的复合运算在 TensorFlow Lite 中以单个融合运算的形式实现，示例包括各种 RNN 运算，如单向和双向序列 LSTM、卷积（conv2d、bias add、relu）、全连接（matmul、bias add、relu）等。在 TensorFlow Lite 中，LSTM 量化目前仅在 LSTM 融合运算中实现。

add back the deselected mirror modifier object

("Selected" : str(modifier_ob)) # modifier ob is the active ob
mirror_ob.select = 0
bpy.context.selected_objects[0]
data.objects[one.name].select = 1

print("please select exactly two objects, the last one gets th

OPERATOR CLASSES

第 6 章

使用元数据
进行推断

　　使用元数据来推断模型的实现方法比较简单，简单到只需几行代码即可实现。TensorFlow Lite 元数据包含有关模型功能以及使用方法，可以授权代码生成器自动生成推断代码，例如，使用 Android Studio 机器学习绑定功能或 TensorFlow Lite Android 代码生成器，还可以用来配置自定义推断流水线。在本章的内容中，将详细讲解使用元数据进行推断的知识。

6.1　元数据推断简介

TensorFlow Lite 提供了多种工具和库来满足不同层次的部署要求，具体说明如下。

1）使用 Android 代码生成器生成模型接口

有两种可以为带有元数据的 TensorFlow Lite 模型自动生成 Android 封装容器代码的方式。

扫码观看本节视频讲解

- 通过使用 Android Studio 中的 Android Studio 机器学习模型绑定工具，可以用图形界面的方式导入 TensorFlow Lite 模型。Android Studio 将自动为项目配置设置，并根据模型元数据生成封装容器类。
- TensorFlow Lite Code Generator 是一个根据元数据自动生成模型接口的可执行文件，目前它支持 Android 与 Java。封装容器代码消除了直接与 ByteBuffer 交互的需要，而开发人员可以使用 Bitmap 和 Rect 等类型化对象与 TensorFlow Lite 模型进行交互。Android Studio 开发者也可以通过 Android Studio 机器学习绑定来访问 codegen 功能。

2）使用 TensorFlow Lite Task Library 中开箱即用的 API

TensorFlow Lite Task Library 为热门的机器学习任务（如图像分类、问答等）提供了经过优化的现成的模型接口。模型接口专门为每个任务而设计，以实现最佳性能和可用性。Task Library 可以跨平台工作，支持 Java、C++ 和 Swift。

3）使用 TensorFlow Lite Support Library 构建自定义推断流水线

TensorFlow Lite Support Library 是一个跨平台的库，可帮助自定义模型接口和构建推断流水线，它包含各种实用工具方法和数据结构，以执行"前 / 后"处理和数据转换。它还设计为与 TF.Image 和 TF.Text 等 TensorFlow 模块的行为相匹配，确保从训练到推断的一致性。

6.2　使用元数据生成模型接口

开发者可以使用 TensorFlow Lite 元数据生成封装容器代码，以实现在 Android 上的集成。对于大多数开发者来说，Android Studio 机器学习模型绑定的图形界面最易于使用。如果需要使用其他的方法生成模型接口，可以借助于 TensorFlow Lite Codegen 实现。

扫码观看本节视频讲解

6.2.1　使用 Android Studio 机器学习模型进行绑定

对于使用元数据增强的 TensorFlow Lite 模型，开发者可以使用 Android Studio 机器学习模型绑定来自动配置项目设置，并基于模型元数据生成封装容器类。封装容器代码消除了直接与 ByteBuffer 交互的需要。相反，开发者可以使用 Bitmap 和 Rect 等类型化对象与 TensorFlow Lite 模型进行交互。

⚠ 注 意　需要使用 Android Studio 4.1 或以上版本。

1. 在 Android Studio 中导入 TensorFlow Lite 模型

在 Android Studio 中导入 TensorFlow Lite 模型的基本流程如下。

（1）使用 Android Studio 打开一个 Android 工程，右键单击要使用 TFLite 模型的模块，或者单击 File 菜单，然后依次选择 New → Other → TensorFlow Lite Model 命令，如图 6-1 所示。

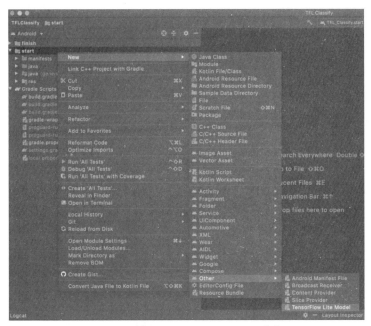

图 6-1　选择 TensorFlow Lite Model 命令

（2）选择 TFLite 文件的位置，请注意，Android Studio 将使用机器学习绑定功能配置模块的依赖关系，且所有依赖关系会自动插入 Android 模块的 build.gradle 文件，如图 6-2 所示。如果要使用 GPU 加速，请选择导入 TensorFlow GPU 的第二个复选框。

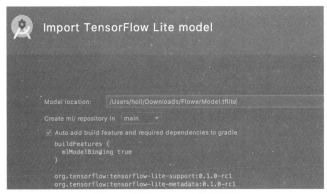

图 6-2　选择 TFLite 文件的位置

（3）单击 Finish 按钮完成导入工作，导入成功后会出现如图 6-3 所示的界面。要使用该模型，请选择 Kotlin 或 Java 选项卡，复制并粘贴 Sample Code 部分的代码。在 Android Studio 中双击 ml 目录下的 TFLite 模型，可以返回此界面。

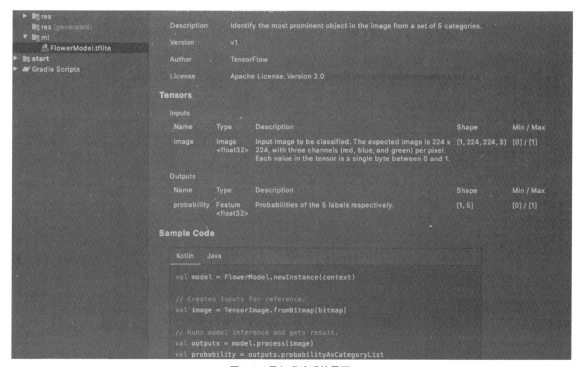

图 6-3　导入成功后的界面

2. 加速模型推断

通过使用机器学习模型绑定，为开发者提供了一种通过使用委托和线程数量来加速代码的方式。需要注意的是，TensorFlow Lite 解释器必须在其运行时的同一个线程上创建。当然，TFLiteGpuDelegate Invoke: GpuDelegate 必须在初始化它的同一线程上运行，否则可能会发生错误。

使用加速模型推断的基本流程如下。

（1）检查模块 build.gradle 文件是否包含以下依赖关系：

```
dencies {
        ...
        //需要TFLite GPU delegate 2.3.0或更高版本
        implementation 'org.tensorflow:tensorflow-lite-gpu:2.3.0'
    }
```

（2）检测在设备上运行的 GPU 是否兼容 TensorFlow GPU 委托，如果不兼容，则使用多个 CPU 线程运行模型：

```
import org.tensorflow.lite.gpu.CompatibilityList
```

```
import org.tensorflow.lite.gpu.GpuDelegate

pre data-md-type="block_code" data-md-language="";
```

6.2.2　使用 TensorFlow Lite 代码生成器生成模型接口

到目前为止（作者写作本书时），TensorFlow Lite 封装容器代码生成器只支持 Android 系统。对于使用元数据增强的 TensorFlow Lite 模型，开发者可以使用 TensorFlow Lite Android 封装容器代码生成器来创建特定平台的封装容器代码。封装容器代码消除了直接与 ByteBuffer 交互的需要。相反，开发者可以使用 Bitmap 和 Rect 等类型化对象与 TensorFlow Lite 模型进行交互。代码生成器是否有作用，取决于 TensorFlow Lite 模型的元数据条目是否完整。

1. 生成封装容器代码

开发者需要先在终端安装 tflite-support，安装命令如下：

```
pip install tflite-support
```

完成安装后，可以执行以下语法来使用代码生成器：

```
tflite_codegen --model=./model_with_metadata/mobilenet_v1_0.75_160_quantized.tflite \
    --package_name=org.tensorflow.lite.classify \
    --model_class_name=MyClassifierModel \
    --destination=./classify_wrapper
```

生成的代码将位于目标目录中，如果使用的是 Google Colab 或其他远程环境，则将结果压缩成 zip 格式文件，并将其下载到 Android Studio 项目中。

```
#压缩生成的代码
!zip -r classify_wrapper.zip classify_wrapper/

#下载压缩后的文件
from google.colab import files
files.download('classify_wrapper.zip')
```

2. 使用生成的代码

通过上面的步骤生成封装容器代码后，接下来开始使用这些生成的代码，具体步骤如下。

1）导入生成的代码

如有必要，将生成的代码解压缩到目录结构中，在此假定生成的代码的根目录为 SRC_ROOT。

打开要使用 TensorFlow lite 模型的 Android Studio 项目，然后通过以下步骤导入生成的模块：File → New → Import Module → SRC_ROOT，导入的目录和模块将称为 classify_wrapper。

2）更新应用的 build.gradle 文件

在将要使用生成的库模块的应用模块中添加以下内容：

```
aaptOptions {
    noCompress "tflite"
```

```
}
```

在 Android 部分添加以下内容：

```
implementation project(":classify_wrapper")
```

3）开始使用模型

```
// 1.模型初始化
MyClassifierModel myImageClassifier = null;

try {
    myImageClassifier = new MyClassifierModel(this);
} catch (IOException io){
    //错误处理
}

if(null != myImageClassifier) {

    // 2．使用名为inputBitmap的位图设置输入
    MyClassifierModel.Inputs inputs = myImageClassifier.createInputs();
    inputs.loadImage(inputBitmap);

    // 3．运行模型
    MyClassifierModel.Outputs outputs = myImageClassifier.run(inputs);

    // 4．检索结果
    Map<String, Float> labeledProbability = outputs.getProbability();
}
```

3.加速模型推断

生成的代码为开发者提供了一种通过使用委托和线程来加速代码的方式，这些可以在初始化模型对象时设置，它需要三个参数。

- Context：Android 活动或服务的上下文。
- Device：可选参数，表示TFLite 加速委托，例如 GPUDelegate 或 NNAPIDelegate。
- numThreads：可选参数，用于运行模型的线程数（默认为 1 ）。

例如，要使用 NNAPI 委托和最多三个线程，那么可以像下面这样初始化模型：

```
try {
    myImageClassifier = new MyClassifierModel(this, Model.Device.NNAPI, 3);
} catch (IOException io){
    //读取模型时出错
}
```

如果遇到如下错误：

```
'java.io.FileNotFoundException: This file can not be opened as a file descriptor; it is
probably compressed'
```

需要在使用库模块的应用模块的 android 部分插入以下代码：

```
aaptOptions {
    noCompress "tflite"
}
```

6.3　通过 Task 库集成模型

Task Library 中包含一套功能强大且易于使用的任务专用库，供应用开发者使用 TFLite 创建机器学习体验。它为热门的机器学习任务（如图像分类、问答等）提供了经过优化的开箱即用的模型接口。模型接口专为每个任务而设计，以实现最佳性能和可用性。Task Library 可跨平台工作，支持 Java、C++ 和 Swift。

扫码观看本节视频讲解

6.3.1　Task Library 可以提供的内容

通过使用 Task Library，可以提供如下功能。

（1）非机器学习开发人员也能使用干净且定义明确的 API。

只需 5 行代码就可以完成推断。使用 Task Library 中强大且易用的 API 作为构建模块，可以帮助开发者在移动设备中轻松使用 TFLite 进行机器学习开发。

（2）复杂但通用的数据处理。

支持通用的视觉和自然语言处理逻辑，可在数据和模型所需的数据格式之间进行转换，为训练和推断提供相同的、可共享的处理逻辑。

（3）高性能。

数据处理的时间不会超过几毫秒，保证了使用 TensorFlow Lite 的快速推断体验。

（4）可扩展性。

可以使用 Task Library 基础架构提供的所有优势，轻松构建自己的 Android/iOS 推断 API。

6.3.2　支持的任务

到目前为止（作者写作本书时），TensorFlow Lite Task Library 支持如下的任务列表。随着 TensorFlow 官方继续提供越来越多的用例，该列表还会增加。

1）视觉 API

- ImageClassifier。
- ObjectDetector。
- ImageSegmenter。

2）自然语言（NL）API

- NLClassifier。
- BertNLCLassifier。
- BertQuestionAnswerer。

3）自定义 API

扩展任务 API 基础架构并构建自定义 API。

6.3.3　集成图像分类器

在本章 6.3.2 节中讲解了 Task Library 支持的任务列表，为了节省篇幅，本书不一一讲解每一项任务列表的功能，在本节只讲解 ImageClassifier 集成图像分类器任务的知识。图像分类是机器学习中的一种常见应用，用于识别图像所代表的内容。例如，我们可能想知道一张给定的图片中出现了哪种类型的动物。预测图像所代表的内容的任务称为图像分类。图像分类器经过训练，可以识别各种类别的图像。例如，可以训练一个模型来识别代表三种不同类型动物的照片：兔子、仓鼠和狗。

通过使用 Task Library ImageClassifier API，可以将自定义图像分类器或预训练图像分类器部署到模型应用中。

1. ImageClassifier API 的主要功能

- 输入图像处理，包括旋转、调整大小和色彩空间转换。
- 输入图像的感兴趣区域。
- 标注映射区域。
- 筛选结果的得分阈值。
- Top-k分类结果。
- 标注允许列表和拒绝列表。

2. 支持的图像分类器模型

以下模型保证可以与 ImageClassifier API 相兼容。

- 由适用于图像分类的 TensorFlow Lite Model Maker创建的模型。
- TensorFlow Lite托管模型中的预训练图像分类模型。
- TensorFlow Hub上的预训练图像分类模型。
- 由 AutoML Vision Edge图像分类创建的模型。
- 符合模型兼容性要求的自定义模型。

3. 用 Java 运行推断

通过使用 ImageClassifier，用 Java 语言运行推断的基本流程如下。

1）导入 Gradle 依赖项和其他设置

将 .tflite 模型文件复制到将要运行模型的 Android 模块的资源目录下，设置不压缩该文件，并将 TensorFlow Lite 库添加到模块的 build.gradle 文件中。

```
android {
    //其他设置
```

```
//设置不为应用程序apk压缩tflite文件
aaptOptions {
    noCompress "tflite"
}
}

dependencies {
    //其他依赖

    //导入任务视觉库依赖项
    implementation 'org.tensorflow:tensorflow-lite-task-vision:0.1.0'
}
```

2）使用模型

代码如下：

```
//初始化
ImageClassifierOptions options = ImageClassifierOptions.builder().setMaxResults(1).build();
ImageClassifier imageClassifier = ImageClassifier.createFromFileAndOptions(context, modelFile,
options);

//运行推理
List<Classifications> results = imageClassifier.classify(image);
```

4. 用 C++ 运行推断

改善 C++ Task Library 的可用性，如提供预先构建的二进制文件，并创建用户友好的工作流以从源代码进行构建。C++ API 可能会发生变化。

```
//初始化
ImageClassifierOptions options;
options.mutable_model_file_with_metadata()->set_file_name(model_file);
std::unique_ptr<ImageClassifier> image_classifier = ImageClassifier::CreateFromOptions(options).value();

//运行推断
const ClassificationResult result = image_classifier->Classify(*frame_buffer).value();
```

6.4　自定义输入和输出

移动应用开发者通常会与类型化的对象（如位图）或基元（如整数）进行交互，但是在设备端运行机器学习模型的 TensorFlow Lite 解释器使用的是 ByteBuffer 形式的张量，可能难以实现调试和操作功能。TensorFlow Lite Android Support Library 的作用是帮助处理 TensorFlow Lite 模型的输入和输出，并更易于使用 TensorFlow Lite 解释器。

通过使用 TensorFlow Lite Support Library，处理自定义输入和输出数据的基本流

扫码观看本节视频讲解

程如下。

1. 开始

1）导入 Gradle 依赖项和其他设置

将 .tflite 模型文件复制到将要运行模型的 Android 模块的资源目录下，设置不压缩该文件，并将 TensorFlow Lite 库添加到模块的 build.gradle 文件中。

```
android {
    //其他设置
    //设置不为应用程序apk压缩tflite文件
    aaptOptions {
        noCompress "tflite"
    }
}
dependencies {
    //其他dependencies依赖

    //导入tflite依赖
    implementation 'org.tensorflow:tensorflow-lite:0.0.0-nightly-SNAPSHOT'
    //GPU委托库是可选的，视需要而设置
    implementation 'org.tensorflow:tensorflow-lite-gpu:0.0.0-nightly-SNAPSHOT'
    implementation 'org.tensorflow:tensorflow-lite-support:0.0.0-nightly-SNAPSHOT'
}
```

2）基本的图像处理和转换

在 TensorFlow Lite Support Library 中有一套基本的图像处理方法，如裁剪和调整大小。在使用这些方法时需要创建 ImagePreprocessor，并添加所需的运算。要将图像转换为 TensorFlow Lite 解释器所需的张量格式，需要创建 TensorImage 用作输入：

```
import org.tensorflow.lite.support.image.ImageProcessor;
import org.tensorflow.lite.support.image.TensorImage;
import org.tensorflow.lite.support.image.ops.ResizeOp;

//初始化
//创建一个包含所有必需操作的ImageProcessor
ImageProcessor imageProcessor =
    new ImageProcessor.Builder()
        .add(new ResizeOp(224, 224, ResizeOp.ResizeMethod.BILINEAR))
        .build();

//创建一个TensorImage对象
//这将创建TensorFlow Lite解释器所需的相应张量类型（本例中为UINT8）的张量

TensorImage tImage = new TensorImage(DataType.UINT8);

//每帧的分析代码，对图像进行预处理
tImage.load(bitmap);
tImage = imageProcessor.process(tImage);
```

通过使用 Metadata Exractor 库和其他模型信息，可以读取张量的 DataType 内容。

3）创建输出对象并运行模型

在运行模型之前，需要创建用于存储结果的容器对象：

```
import org.tensorflow.lite.support.tensorbuffer.TensorBuffer;

//为结果创建一个容器，并指定这是一个量化模型
//因此，数据类型被定义为UINT8 (8位无符号整数)

TensorBuffer probabilityBuffer =
    TensorBuffer.createFixedSize(new int[]{1, 1001}, DataType.UINT8);
```

然后加载模型并运行推断：

```
import org.tensorflow.lite.support.model.Model;

//模型初始化
try{
    MappedByteBuffer tfliteModel
        = FileUtil.loadMappedFile(activity,
            "mobilenet_v1_1.0_224_quant.tflite");
    Interpreter tflite = new Interpreter(tfliteModel)
} catch (IOException e){
    Log.e("tfliteSupport", "Error reading model", e);
}

//运行推断
if(null != tflite) {
    tflite.run(tImage.getBuffer(), probabilityBuffer.getBuffer());
}
```

4）访问结果

开发者可以直接通过 probabilityBuffer.getFloatArray() 访问输出。如果模型产生了量化输出，需要将结果进行转换。对于 MobileNet 量化模型，开发者需要将每个输出值除以 255，以获得每个类别从 0（最不可能）到 1（最有可能）的概率。

5）将结果映射到标签

开发者还可以选择将结果映射到标签。首先将包含标签的文本文件复制到模块的资源目录中，然后使用以下代码加载标签文件：

```
import org.tensorflow.lite.support.common.FileUtil;

final String ASSOCIATED_AXIS_LABELS = "labels.txt";
List<String> associatedAxisLabels = null;

try {
    associatedAxisLabels = FileUtil.loadLabels(this, ASSOCIATED_AXIS_LABELS);
} catch (IOException e) {
```

```
        Log.e("tfliteSupport", "Error reading label file", e);
}
```

以下代码演示了将概率与类别标签关联起来的方法：

```java
import org.tensorflow.lite.support.common.TensorProcessor;
import org.tensorflow.lite.support.label.TensorLabel;

//Post-processor对结果进行去量化
TensorProcessor probabilityProcessor =
    new TensorProcessor.Builder().add(new NormalizeOp(0, 255)).build();

if (null != associatedAxisLabels) {
    //标签映射及其对应概率
    TensorLabel labels = new TensorLabel(associatedAxisLabels,
        probabilityProcessor.process(probabilityBuffer));

    //创建地图以基于标签访问结果
    Map<String, Float> floatMap = labels.getMapWithFloatValue();
```

2. 当前用例覆盖范围

当前版本的 TensorFlow Lite Support Library 涵盖如下所示的内容：

- 常见的数据类型（浮点、uint8、图像，以及这些对象的数组）作为tflite模型的输入和输出。
- 基本的图像运算（裁剪图像、调整大小和旋转）。
- 归一化和量化。
- 文件实用工具。

未来的版本将改进对文本相关应用的支持。

3. ImageProcessor 架构

ImageProcessor 允许预先定义图像处理运算，并在构建过程中进行优化。ImageProcessor 目前支持三种基本的预处理运算。

```java
int width = bitmap.getWidth();
int height = bitmap.getHeight();

int size = height > width ? width : height;

ImageProcessor imageProcessor =
    new ImageProcessor.Builder()
        //将图像居中裁剪到可能的最大正方形
        .add(new ResizeWithCropOrPadOp(size, size))
        //使用双线性插值或最近邻插值调整大小
        .add(new ResizeOp(224, 224, ResizeOp.ResizeMethod.BILINEAR));
        //以90度增量逆时针旋转
        .add(new Rot90Op(rotateDegrees / 90))
        .add(new NormalizeOp(127.5, 127.5))
        .add(new QuantizeOp(128.0, 1/128.0))
        .build();
```

支持库的最终目标是支持所有 tf.image 转换，这意味着转换将与 TensorFlow 相同，且实现将独立于操作系统。TensorFlow 欢迎开发者创建自定义处理程序，这时与训练过程保持一致很重要，即相同的预处理应同时适用于训练和推断，以提高可重现性。

4. 量化

初始化类似 TensorImage 或 TensorBuffer 的输入或输出对象时，需要将它们的类型指定为 DataType. UINT8 或 DataType.FLOAT32。

```
TensorImage tImage = new TensorImage(DataType.UINT8);
TensorBuffer probabilityBuffer =
    TensorBuffer.createFixedSize(new int[]{1, 1001}, DataType.UINT8);
```

TensorProcessor 可以用来量化输入张量或去量化输出张量。例如，当处理量化的输出 TensorBuffer 时，开发者可以使用 DequantizeOp 将结果去量化为 0 和 1 之间的浮点概率：

```
import org.tensorflow.lite.support.common.TensorProcessor;

//Post-processor对结果进行去量化
TensorProcessor probabilityProcessor =
    new TensorProcessor.Builder().add(new DequantizeOp(0, 1/255.0)).build();
TensorBuffer dequantizedBuffer = probabilityProcessor.process(probabilityBuffer);
```

张量的量化参数可以通过 Metadata Exractor 库读取。

selecting at the end add back the deselected mirror modifier object
ob.select= 1
er_ob.select=1
objects.active = modifier_ob
t("Selected" + str(modifier_ob)) # modifier ob is the active ob
#mirror_ob.select = 0
= bpy.context.selected_objects[0]
.data.objects[one.name].select = 1

print("please select exactly two objects, the last one gets th

---- OPERATOR CLASSES ----

第 7 章

优化处理

　　移动和嵌入式设备的计算资源有限，因此保持应用的资源效率非常重要。在本章的内容中，将详细讲解提高 TensorFlow Lite 模型性能的知识，包括性能优化和模型优化，为读者步入本书后面知识的学习打下基础。

7.1 性能优化

根据任务的不同，开发者需要在模型复杂度和大小之间做取舍。如果我们的任务需要高准确率，那么可能需要一个大而复杂的模型。而对于精确度不高的任务，则最好使用小一点的模型，因为小的模型不仅占用更少的磁盘和内存，而且通常会更快、更高效。图 7-1 展示了常见的图像分类模型中准确率和延迟对模型大小的影响。

扫码观看本节视频讲解

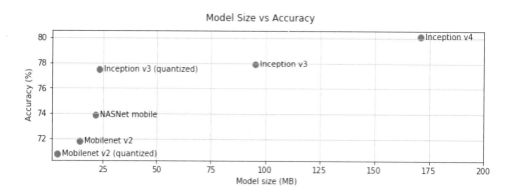

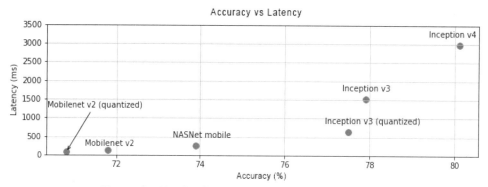

图 7-1 常见的图像分类模型中准确率和延迟对模型大小的影响

在下面的内容中，将详细讲解几种常用的优化方法。

1. 测试模型

在选择一个适合任务的模型之后，测试该模型的基准行为参数。在 TensorFlow Lite 测试工具中有内置的测试器，可以展示每一个运算符的测试数据，这能帮助我们理解模型的性能瓶颈和哪些运算符主导了运算时间。

另外，还可以使用 TensorFlow Lite 的跟踪功能，在 Android 应用程序中使用标准的 Android 系统进行跟踪以对模型进行性能分析。还可以通过使用基于 GUI 的性能分析工具，按时间直观地呈现出运算符的调用过程。

2. 测试和优化图（graph）中的运算符

如果某个特定运算符频繁出现在模型中，并且基于性能分析，发现该运算符消耗的时间最多，此时可以考虑优化这个运算符。这种情况在实际应用中很少见，因为 TensorFlow Lite 为大多数算子提供了优化后的版本。但是，如果知道执行算子的约束条件，那么可以编写自定义算子的更快版本。

3. 优化模型

如果模型使用浮点权重或者激励函数，那么模型大小或许可以通过量化减少 75%，该方法有效地将浮点权重从 32 字节转化为 8 字节。量化分为训练后量化和量化训练。前者不需要再训练模型，但是在极少情况下会有精度损失。当精度损失超过可接受范围时，则应该使用量化训练。

4. 调整线程数

TensorFlow Lite 支持用于处理许多算子的多线程内核，可以增加线程数并加快算子的执行速度。但是，增加线程数会使模型使用更多资源和功率。对有些应用来说，延迟或许比高效率更重要。开发者可以通过设定解释器的数量来增加线程数。然而，与同时运行的其他操作不同，多线程运行会增加性能的可变性。比如，隔离测试可能显示多线程的速度是单线程的两倍，但如果同时有另一个应用在运行，性能测试结果可能比单线程更差。

5. 清除冗余副本

如果应用没有仔细设计，则在向模型输入和从模型读取输出时，可能会出现冗余副本。请确保消除冗余副本。如果使用的是更高级别的 API（如 Java），请务必仔细检查文档中的性能注意事项。例如，如果将 ByteBuffers 用作输入，Java API 的速度就会快很多。

6. 用平台特定工具测试应用程序

在平台特定工具（例如 Android profiler 和 Instruments）中，提供了丰富的可被用于调试应用的测试信息。有时性能问题可能不是出自于模型，而是出自与模型交互的应用代码。确保熟悉平台特定测试工具和对该平台最好的测试方法。

7. 评估模型是否受益于使用设备上可用的硬件加速器

TensorFlow Lite 添加了使用速度更快的硬件（如 GPU、DSP 和神经加速器等）来加速模型，通常来说，这些加速器会通过接管解释器部分执行的方式来公开使用委托子模块的功能。

（1）使用 Android 的神经网络 API。

● 可以利用这些硬件加速器后端来提高模型的速度和效率。

● 要启用神经网络 API，请查看 NNAPI 委托指南。

（2）TensorFlow Lite 发布了一个仅限于二进制的 GPU 代理，Android 和 iOS 分别使用 OpenGL 和 Metal。

（3）可以在 Android 上使用 Hexagon 委托。

（4）如果可以访问非标准硬件，那么可以创建自己的委托。

⚠ **注 意** 有的加速器用在某些模型上的效果可能会更好，为每个代理设立基准以测试出最优的选择是很重要的。比如，如果有一个非常小的模型，那么可能没必要将模型委托给 NNAPI 或 GPU。相反，对于具有高算术强度的大模型来说，加速器就是一个很好的选择。

7.2　TensorFlow Lite 委托

委托会利用设备端的加速器（如 GPU 和 DSP）来启用 TensorFlow Lite 模型的硬件加速。默认情况下，TensorFlow Lite 会使用针对 ARM Neon 指令集来优化 CPU 内核。但是，CPU 是一种多用途处理器，不一定会针对机器学习模型中常见的繁重计算（例如，卷积层和密集层中的矩阵数学）进行优化。

扫码观看本节视频讲解

另外，大多数现代手机中的芯片在处理繁重的运算方面表现良好，将它们用于神经网络运算后，可以在延迟和功率效率方面带来巨大好处。例如，GPU 可以在延迟方面提供高达 5 倍的加速，而 Qualcomm® Hexagon DSP 在 TensorFlow Lite 的官方实验中显示可以降低高达 75% 的功耗。

这些加速器均支持实现自定义计算的相关 API，例如，用于移动 GPU 的 OpenCL 或 OpenGL ES，以及用于 DSP 的 Qualcomm® Hexagon SDK。在通常情况下，必须编写大量的自定义代码才能通过这些接口运行神经网络。当考虑到每个加速器各有利弊，并且无法执行神经网络中的所有运算时，事情就会变得更加复杂。TensorFlow Lite 中的 Delegate API 通过作为 TFLite 运行时和这些较低级别 API 之间的桥梁，解决了这个问题。

7.2.1　选择委托

TensorFlow Lite 支持多种委托，每种委托都针对特定的平台和特定类型的模型进行了优化。在通常情况下，会有多种委托适用于我们的用例，这取决于两个主要标准：平台（Android 还是 iOS），以及我们要加速的模型类型（浮点还是量化）。

1. 按平台分类的委托

1）跨平台（Android 和 iOS）

GPU 委托在 Android 和 iOS 上都可以使用，经过优化，它可以在有 GPU 的情况下运行基于 32 位和 16 位浮点的模型。GPU 委托还支持 8 位量化模型，并可以提供与其浮点版本相当的 GPU 性能。

2）Android

● 适用于较新 Android 设备的 NNAPI 委托：可用于在具有 GPU、DSP 和 NPU 的设备上加速模型，在 Android 8.1（API 27+）或更高版本中可用。

● 适用于较旧 Android 设备的 Hexagon 委托：可用于在具有 Qualcomm Hexagon DSP 的 Android 设备上加速模型，可以在运行较旧版本 Android（不支持 NNAPI）的设备上使用。

3）iOS

适用于较新 iPhone 和 iPad 的 Core ML 委托，对于提供了 Neural Engine 的较新的 iPhone 和 iPad 来说，可以使用 Core ML 委托来加快 32 位或 16 位浮点模型的推断。Neural Engine 适用于具有 A12 SoC 或更高版本的 Apple 移动设备。

2. 按模型类型分类的委托

每种加速器的设计都考虑了一定的数据位宽，如果为只支持 8 位量化运算的委托（例如 Hexagon 委托）提供浮点模型，它将拒绝其所有运算，并且模型将完全在 CPU 上运行。为了避免此类意外发生，表 7-1 提供了基于模型类型的委托支持概览。

表 7-1　基于模型类型的委托支持概览

模型类型	图形处理器	神经网络 API	六边形	核心 ML
浮点（32 位）	是	是	否	是
训练后 float16 量化	是	否	否	是
训练后动态范围量化	是	是	否	否
训练后整数量化	是	是	是	否
量化感知训练	是	是	是	否

7.2.2　评估工具

1. 延迟和内存占用

TensorFlow Lite 的基准测试工具可以使用合适的参数来评估模型性能，包括平均推断延迟、初始化开销、内存占用等。此工具支持多个标志，以确定模型的最佳委托配置。例如，--gpu_backend=gl 可以使用 --use_gpu 来指定，以衡量 OpenGL 的 GPU 执行情况。详细文档中定义了受支持的委托参数的完整列表。

下面是一个通过 adb 使用 GPU 运行量化模型的示例：

```
adb shell /data/local/tmp/benchmark_model \
  --graph=/data/local/tmp/mobilenet_v1_224_quant.tflite \
  --use_gpu=true
```

2. 准确率和正确性

委托通常会以不同于 CPU 的精度执行计算，因此在利用委托进行硬件加速时会有（通常较小）精度折中。请注意，由于 GPU 会使用浮点精度来运行量化模型，精度可能会略有提升（例如，ILSVRC 图像分类 Top-5 提升 <1%）。

TensorFlow Lite 有两种类型的工具来衡量委托对于给定模型的行为的准确性：基于任务的和与任务无关的。

1）基于任务的评估

TensorFlow Lite 具有用于评估两个基于图像的任务的正确性的工具。

- ILSVRC 2012（图像分类），具有 Top-K 准确率。
- COCO 物体检测（含边界框），具有全类平均精度 （mAP）。

我们可在以下位置找到这些工具（Android，64 位 ARM 架构）的预构建二进制文件以及文档。

- ImageNet 图像分类。
- COCO 物体检测。

例如，下面的示例演示了在 Pixel 4 上，通过 Google 的 Edge-TPU 使用 NNAPI 进行图像分类评估的过程。

```
adb shell /data/local/tmp/run_eval \
  --model_file=/data/local/tmp/mobilenet_quant_v1_224.tflite \
  --ground_truth_images_path=/data/local/tmp/ilsvrc_images \
```

```
--ground_truth_labels=/data/local/tmp/ilsvrc_validation_labels.txt \
--model_output_labels=/data/local/tmp/model_output_labels.txt \
--output_file_path=/data/local/tmp/accuracy_output.txt \
--num_images=0 # Run on all images. \
--use_nnapi=true \
--nnapi_accelerator_name=google-edgetpu
```

预期的输出是一个从 1 到 10 的 Top-K 指标列表：

```
Top-1 Accuracy: 0.733333
Top-2 Accuracy: 0.826667
Top-3 Accuracy: 0.856667
Top-4 Accuracy: 0.87
Top-5 Accuracy: 0.89
Top-6 Accuracy: 0.903333
Top-7 Accuracy: 0.906667
Top-8 Accuracy: 0.913333
Top-9 Accuracy: 0.92
Top-10 Accuracy: 0.923333
```

2）与任务无关的评估

如果开发者没有独有的设备端评估工具，可以使用 TensorFlow Lite 提供的 Inference Diff 工具进行评估。Inference Diff 会比较以下两种设置的 TensorFlow Lite 执行情况（在延迟和输出值偏差方面）。

- 单线程 CPU 推断。
- 用户定义的推断。

为此，该工具会生成随机高斯数据，并将其传递给两个 TFLite 解释器：一个运行单线程 CPU 内核，另一个通过用户的参数进行参数化。它会以每个元素为基础，测量两者的延迟，以及每个解释器的输出张量之间的绝对差。对于具有单个输出张量的模型，输出可能如下所示：

```
Num evaluation runs: 50
Reference run latency: avg=84364.2(us), std_dev=12525(us)
Test run latency: avg=7281.64(us), std_dev=2089(us)
OutputDiff[0]: avg_error=1.96277e-05, std_dev=6.95767e-06
```

这意味着，对于索引 0 处的输出张量，CPU 输出的元素与委托输出的元素平均相差 1.96e-05。

⚠️ **注 意** 解释这些数字需要对模型和每个输出张量的含义有更深入的了解。如果这些数字表示的是确定某种分数或嵌入的简单回归，那么差异应该很小（否则为委托错误）。然而，像 SSD 模型中的"检测类"这样的输出有点难以解释。例如，使用此工具可能会显示出差异，但这并不意味着委托真的有什么问题，请考虑两个（假）类："TV (ID: 10)""Monitor (ID:20)"。如果某个委托稍微偏离了黄金真理，并且显示的是 Monitor，而非 TV，那么这个张量的输出差异可能会高达 20-10 = 10。

7.3 TensorFlow Lite GPU 代理

GPU 是设计用来完成高吞吐量的大规模并行工作的，因此非常适合用在包含大量运算符的神经网络上，一些输入张量可以容易地被划分为更小的工作负载且可以同时执行，通常这会导致更低的延迟。在最佳情况下，用 GPU 在实时应用程序上做推断运算已经可以运行得足够快，而这在以前是不可能的。不同于 CPU 的是，GPU 可以计算 16 位浮点数或者 32 位浮点数，并且 GPU 不需要量化即可获得最佳的系统性能。

扫码观看本节视频讲解

使用 GPU 做推断运算的另一个好处是可以在非常高效和优化的方式下进行计算，GPU 在完成和 CPU 一样的任务时可以消耗更少的电力和产生更少的热量。TensorFlow Lite 支持多种硬件加速器，本节将讲解在 Android 和 iOS 设备上使用 TensorFlow Lite 代理 APIs 预览实验性的 GPU 后端功能的方法。

7.3.1 在 Android 中使用 TensorFlow Lite GPU 代理

（1）通过如下命令克隆 TensorFlow 的源代码，然后在 Android Studio 中打开。

```
git clone https://github.com/tensorflow/tensorflow
```

（2）编辑文件 app/build.gradle，设置使用 nightly 版本的 GPU AAR。在现有的 dependencies 模块中，在已有的 tensorflow-lite 包的位置下添加 tensorflow-lite-gpu 包。

```
dependencies {
    ...
    implementation 'org.tensorflow:tensorflow-lite:0.0.0-nightly'
    implementation 'org.tensorflow:tensorflow-lite-gpu:0.0.0-nightly'
}
```

（3）编译和运行。

单击 Android Studio 的 Run 按钮运行应用程序，当运行应用程序时会看到一个启用 GPU 的按钮。将应用程序从量化模式改为浮点模式后单击 GPU 按钮，程序将在 GPU 上运行，如图 7-2 所示。

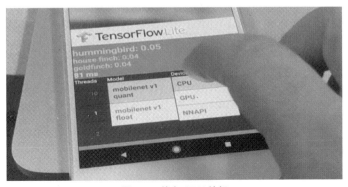

图 7-2 单击 GPU 按钮

7.3.2　在 iOS 中使用 TensorFlow Lite GPU 代理

（1）获取应用程序的源代码并确保它已被编译，使用 XCode 10.1 或者更高版本打开应用程序。

（2）修改 Podfile 文件，确保使用 TensorFlow Lite GPU CocoaPod。

（3）构建一个包含 GPU 代理的二进制 CocoaPod 文件，如果需要切换到工程并使用它，修改文件 tensorflow/tensorflow/lite/examples/ios/camera/Podfile，使用 TensorFlowLiteGpuExperimental 的 pod 替代 TensorFlowLite。

```
target 'YourProjectName'
  # pod 'TensorFlowLite', '1.12.0'
  pod 'TensorFlowLiteGpuExperimental'
```

（4）启用 GPU 代理。

为了确保代码会使用 GPU 代理，需要将文件 CameraExampleViewController.h 中的 TFLITE_USE_GPU_DELEGATE 从 0 修改为 1。

```
#define TFLITE_USE_GPU_DELEGATE 1
```

（5）编译和运行演示应用程序。

完成了上面的步骤，就可以运行这个应用程序了。

（6）发布模式。

上面的第 5 步是在调试模式下运行应用程序，为了获得更好的性能表现，应该使用适当的最佳 Metal 设置将应用程序改为发布版本。需要注意的是，需要修改这些设置，方法是依次单击 XCode 中的 Product → Scheme → Edit Scheme 命令，选择 Run 选项，然后在 Info 栏修改 Build Configuration，将 Debug 改为 Release，并取消选中 Debug executable 复选框，如图 7-3 所示。

图 7-3　使用 Release 模式

单击 Options 标签，然后将 GPU Frame Capture 修改成 Disabled，并将 Metal API Validation 修改成 Disabled，如图 7-4 所示。

图 7-4　将 GPU Frame Capture 修改成 Disabled

确保发布版本只能在 64 位系统上构建，在 Project navigator → tflite_camera_example → PROJECT → tflite_camera_example → Build Settings 中将 Build Active Architecture Only → Release 设置为 Yes，如图 7-5 所示。

图 7-5　将 Build Active Architecture Only → Release 设置为 Yes

7.3.3　在模型上使用 GPU 代理

1. 安卓

在我们的应用程序中，像前面介绍的方法一样添加 AAR，导入 org.tensorflow.lite.gpu.GpuDelegate 模块，并使用 addDelegate 功能将 GPU 代理注册到解释器中。

```
import org.tensorflow.lite.Interpreter;
import org.tensorflow.lite.gpu.GpuDelegate;

//初始化使用GPU代理的解释器
GpuDelegate delegate = new GpuDelegate();
Interpreter.Options options = (new Interpreter.Options()).addDelegate(delegate);
Interpreter interpreter = new Interpreter(model, options);

//进行推理
while (true) {
  writeToInput(input);
  interpreter.run(input, output);
  readFromOutput(output);
}

//清理
delegate.close();
```

2. iOS

在应用程序代码中引入 GPU 代理头文件，用 Interpreter::ModifyGraphWithDelegate 功能将 GPU 代理注册到解释器中。

```
#import "tensorflow/lite/delegates/gpu/metal_delegate.h"

//初始化使用GPU代理的解释器
std::unique_ptr<Interpreter> interpreter;
InterpreterBuilder(*model, resolver)(&interpreter);
auto* delegate = NewGpuDelegate(nullptr);   //默认设置
if (interpreter->ModifyGraphWithDelegate(delegate) != kTfLiteOk) return false;
```

```
//进行推断
while (true) {
  WriteToInputTensor(interpreter->typed_input_tensor<float>(0));
  if (interpreter->Invoke() != kTfLiteOk) return false;
  ReadFromOutputTensor(interpreter->typed_output_tensor<float>(0));
}

//清理
interpreter = nullptr;
DeleteGpuDelegate(delegate);
```

7.4　模型优化

Tensorflow Lite 和 Tensorflow Model Optimization Toolkit（Tensorflow 模型优化工具包）提供了最小优化推断复杂性的工具。对于移动和物联网（IoT）等边缘设备来说，推断效率尤其重要。这些设备在处理内存、能耗和模型存储方面有许多限制。此外，模型优化解锁了定点硬件（fixed-point hardware）和下一代硬件加速器的处理能力。

扫码观看本节视频讲解

7.4.1　模型量化

深度神经网络的量化使用了一些技术，这些技术可以降低权重的精确表示，并且这些技术会可选地降低存储和计算的激活值。使用量化的好处如下。
- 支持现有的 CPU 平台。
- 激活值的量化降低了用于读取和存储中间激活值的存储器访问成本。
- 许多 CPU 和硬件加速器实现提供 SIMD 指令功能，这对量化特别有益。

TensorFlow Lite 对量化提供了多种级别的支持，具体说明如下。
- Tensorflow Lite post-training quantization 量化使权重和激活值的Post training更简单。
- Quantization-aware training可以以最小精度下降来训练网络，这仅适用于卷积神经网络的一个子集。

表 7-2 是一些模型经过 post-training quantization 和 quantization-aware training 后的延迟和准确性结果。所有延迟数都是在使用单个大内核的 Pixel 2 设备上测量的。随着工具包的改进，这些数字也会随之提高。

表 7-2　一些模型的延迟和准确性结果

模　型	Top-1 精确性（初始）	Top-1 精确性(Post Training 量化)	Top-1 精确性(Quantization Aware Training)	延迟（初始）(ms)	延迟 (Post Training 量化)(ms)	延迟(Quantization Aware) (ms)	大小（优化后）(MB)
Mobilenet-v1-1-224	0.709	0.657	0.70	124	112	64	4.3
Mobilenet-v2-1-224	0.719	0.637	0.709	89	98	54	3.6
Inception_v3	0.78	0.772	0.775	1130	845	543	23.9
Resnet_v2_101	0.770	0.768	不适用	3973	2868	不适用	44.9

7.4.2 训练后量化

训练后量化是一种转换技术，可以减小模型，同时还可以改善 CPU 和硬件加速器的延迟，并且模型的精度几乎不会下降。当使用 TensorFlow Lite Converter 将已训练的浮点 TensorFlow 模型转换为 TensorFlow Lite 格式时，可以对其进行量化处理。

1. 优化方法

开发者有多种训练后量化选项可供选择，表 7-3 是量化选项及其提供的好处。

表 7-3 训练后量化选项

技 术	好 处	硬 件
动态范围量化	小 75%，加速 2~3 倍	CPU
全整数量化	小 75%，加速 3 倍以上	CPU、Edge TPU、微控制器
Float16 量化	小 50%，GPU 加速	CPU、GPU

2. 动态范围量化

训练后量化的最简单形式数据，仅仅静态量化从浮点数到整数的权重，其精度为 8 位：

```
import tensorflow as tf
converter = tf.lite.TFLiteConverter.from_saved_model(saved_model_dir)
converter.optimizations = [tf.lite.Optimize.DEFAULT]
tflite_quant_model = converter.convert()
```

在推断时，权重从 8 位精度转换为浮点，并使用浮点内核计算。此转换完成一次并缓存以减少延迟。为了进一步改善延迟，"动态范围"运算符根据激活的范围动态量化到 8 位，并使用 8 位权重和激活执行计算。这种优化提供了接近完全定点推理的延迟，然而输出仍然使用浮点存储，因此动态范围操作的加速小于完整的定点计算。

3. 全整数量化

通过确保所有模型数学都是整数量化，可以获得进一步的延迟改进、峰值内存使用量的减少以及与仅整数硬件设备或加速器的兼容性。

对于全整数量化来说，需要校准或估计模型中所有浮点张量的范围，即（min, max）。与权重和偏差等常量张量不同，模型输入、激活（中间层的输出）和模型输出等可变张量无法校准，除非我们运行几个推理周期。因此，转换器需要有代表性的数据集来校准它们。该数据集可以是训练或验证数据的一个小子集（大约 100 ~ 500 个样本）。

从 TensorFlow 2.7 版本开始，可以通过签名指定代表性数据集，例如下面的代码：

```
def representative_dataset():
  for data in dataset:
    yield {
      "image": data.image,
      "bias": data.bias,
    }
```

可以通过提供输入张量列表的方式生成代表性数据集：

```
def representative_dataset():
  for data in tf.data.Dataset.from_tensor_slices((images)).batch(1).take(100):
    yield [tf.dtypes.cast(data, tf.float32)]
```

从 TensorFlow 2.7 版本开始，建议使用基于签名的方法，而不是基于输入张量列表的方法，因为输入张量排序可以轻松翻转。

出于测试的目的，开发者可以使用虚拟数据集，例如下面的代码：

```
def representative_dataset():
    for _ in range(100):
      data = np.random.rand(1, 244, 244, 3)
      yield [data.astype(np.float32)]
```

为了完全整数量化模型，在没有整数实现并使用浮点运算符（以确保转换顺利进行）时请使用以下步骤实现：

```
import tensorflow as tf
converter = tf.lite.TFLiteConverter.from_saved_model(saved_model_dir)
converter.optimizations = [tf.lite.Optimize.DEFAULT]
converter.representative_dataset = representative_dataset
tflite_quant_model = converter.convert()
```

4. Float16 量化

可以通过将权重量化为 float16（16 位浮点数的 IEEE 标准）的方式减小浮点模型，要启用权重的 float16 量化，请使用以下步骤实现：

```
import tensorflow as tf
converter = tf.lite.TFLiteConverter.from_saved_model(saved_model_dir)
converter.optimizations = [tf.lite.Optimize.DEFAULT]
converter.target_spec.supported_types = [tf.float16]
tflite_quant_model = converter.convert()
```

float16 量化的优点如下。
- 将模型尺寸减小了一半（因为所有权重量化后都变成了原始尺寸的一半）。
- 造成的精度损失最小。
- 支持一些可以直接对 float16 数据进行操作的委托（例如 GPU 委托），从而导致比 float32 计算更快的执行速度。

float16 量化的缺点如下。
- 不会像量化到定点数学那样减少延迟。
- 在默认情况下，float16 量化模型在 CPU 上运行时会将权重值"反量化"为 float32。（请注意，GPU 委托不会执行此反量化，因为它可以对 float16 数据进行操作。）

7.4.3　训练后动态范围量化

目前 TensorFlow Lite 支持将权重转换为 8 位精度，作为从 tensorflow graphdefs 到 TensorFlow Lite 的平面缓冲区格式的模型转换的一部分，动态范围量化将模型尺寸减少了 75%。此外，TFLite 支持激活的动态量化和反量化，以允许：

- 在可用时使用量化内核，加快实现速度。
- 在图的不同部分混合浮点内核与量化内核。

对于支持量化内核的操作来说，激活将在处理之前被动态量化为 8 位精度，并在处理之后被反量化为浮点精度。根据转换的模型不同，这可以提高纯浮点计算的速度。与量化感知训练相反，权重在训练后量化，并在推理时激活动态量化。因此，不会重新训练模型权重以补偿量化引起的误差。检查量化模型的准确性以确保降级是可以接受的。

请看下面的实例文件 liang01.py，首先从头开始训练 MNIST 模型，在 TensorFlow 中检查其准确性，然后将模型转换为具有动态范围量化的 Tensorflow Lite flatbuffer。最后检查转换模型的准确性，并将其与原始浮点模型进行比较。

文件 liang01.py 的具体实现流程如下。

（1）训练 TensorFlow 模型，代码如下：

```python
#加载MNIST数据集
mnist = keras.datasets.mnist
(train_images, train_labels), (test_images, test_labels) = mnist.load_data()

#规范化输入图像，使每个像素值介于0到1之间
train_images = train_images / 255.0
test_images = test_images / 255.0

#定义模型架构
model = keras.Sequential([
  keras.layers.InputLayer(input_shape=(28, 28)),
  keras.layers.Reshape(target_shape=(28, 28, 1)),
  keras.layers.Conv2D(filters=12, kernel_size=(3, 3), activation=tf.nn.relu),
  keras.layers.MaxPooling2D(pool_size=(2, 2)),
  keras.layers.Flatten(),
  keras.layers.Dense(10)
])

#数字分类模型的训练
model.compile(optimizer='adam',
              loss=keras.losses.SparseCategoricalCrossentropy(from_logits=True),
              metrics=['accuracy'])
model.fit(
  train_images,
  train_labels,
  epochs=1,
  validation_data=(test_images, test_labels)
```

)

执行后输出：

```
2021-08-12 11:16:09.363042: I tensorflow/stream_executor/cuda/cuda_gpu_executor.cc:937]
successful NUMA node read from SysFS had negative value (-1), but there must be at least one
NUMA node, so returning NUMA node zero
    2021-08-12 11:16:09.371096: I tensorflow/stream_executor/cuda/cuda_gpu_executor.cc:937]
successful NUMA node read from SysFS had negative value (-1), but there must be at least one
NUMA node, so returning NUMA node zero
    2021-08-12 11:16:09.371982: I tensorflow/stream_executor/cuda/cuda_gpu_executor.cc:937]
successful NUMA node read from SysFS had negative value (-1), but there must be at least one
NUMA node, so returning NUMA node zero
    2021-08-12 11:16:09.373801: I tensorflow/core/platform/cpu_feature_guard.cc:142] This
TensorFlow binary is optimized with oneAPI Deep Neural Network Library (oneDNN) to use the
following CPU instructions in performance-critical operations:  AVX2 AVX512F FMA
    To enable them in other operations, rebuild TensorFlow with the appropriate compiler flags.
    2021-08-12 11:16:09.374414: I tensorflow/stream_executor/cuda/cuda_gpu_executor.cc:937]
successful NUMA node read from SysFS had negative value (-1), but there must be at least one
NUMA node, so returning NUMA node zero
    2021-08-12 11:16:09.375415: I tensorflow/stream_executor/cuda/cuda_gpu_executor.cc:937]
successful NUMA node read from SysFS had negative value (-1), but there must be at least one
NUMA node, so returning NUMA node zero
    2021-08-12 11:16:09.376347: I tensorflow/stream_executor/cuda/cuda_gpu_executor.cc:937]
successful NUMA node read from SysFS had negative value (-1), but there must be at least one
NUMA node, so returning NUMA node zero
    2021-08-12 11:16:09.971601: I tensorflow/stream_executor/cuda/cuda_gpu_executor.cc:937]
successful NUMA node read from SysFS had negative value (-1), but there must be at least one
NUMA node, so returning NUMA node zero
    2021-08-12 11:16:09.972501: I tensorflow/stream_executor/cuda/cuda_gpu_executor.cc:937]
successful NUMA node read from SysFS had negative value (-1), but there must be at least one
NUMA node, so returning NUMA node zero
    2021-08-12 11:16:09.973396: I tensorflow/stream_executor/cuda/cuda_gpu_executor.cc:937]
successful NUMA node read from SysFS had negative value (-1), but there must be at least one
NUMA node, so returning NUMA node zero
    2021-08-12 11:16:09.974289: I tensorflow/core/common_runtime/gpu/gpu_device.cc:1510]
Created device /job:localhost/replica:0/task:0/device:GPU:0 with 14648 MB memory:  ->
device: 0, name: Tesla V100-SXM2-16GB, pci bus id: 0000:00:05.0, compute capability: 7.0
    2021-08-12 11:16:10.859606: I tensorflow/compiler/mlir/mlir_graph_optimization_pass.
cc:185] None of the MLIR Optimization Passes are enabled (registered 2)
    2021-08-12 11:16:11.609851: I tensorflow/stream_executor/cuda/cuda_dnn.cc:369] Loaded
cuDNN version 8100
    2021-08-12 11:16:12.148395: I tensorflow/core/platform/default/subprocess.cc:304] Start
cannot spawn child process: No such file or directory
    1875/1875 [==============================] - 6s 2ms/step - loss: 0.3089 - accuracy:
0.9132 - val_loss: 0.1487 - val_accuracy: 0.9580
    <keras.callbacks.History at 0x7f949c017090>
```

因为只训练了一个 epoch 模型，所以它只能训练到约 96% 的准确率。

（2）转换为 TensorFlow Lite 模型。

使用 Python TFLiteConverter，可以将经过训练的模型转换为 TensorFlow Lite 模型。使用以下代码加载模型 TFLiteConverter：

```
converter = tf.lite.TFLiteConverter.from_keras_model(model)
tflite_model = converter.convert()
```

执行后输出：

```
2021-08-12 11:16:16.898830: W tensorflow/python/util/util.cc:348] Sets are not currently
considered sequences, but this may change in the future, so consider avoiding using them.
INFO:tensorflow:Assets written to: /tmp/tmp6i7azt26/assets
2021-08-12 11:16:17.314524: I tensorflow/stream_executor/cuda/cuda_gpu_executor.cc:937]
successful NUMA node read from SysFS had negative value (-1), but there must be at least one
NUMA node, so returning NUMA node zero
2021-08-12 11:16:17.314883: I tensorflow/core/grappler/devices.cc:66] Number of eligible
GPUs (core count >= 8, compute capability >= 0.0): 1
2021-08-12 11:16:17.314984: I tensorflow/core/grappler/clusters/single_machine.cc:357]
Starting new session
2021-08-12 11:16:17.315359: I tensorflow/stream_executor/cuda/cuda_gpu_executor.cc:937]
successful NUMA node read from SysFS had negative value (-1), but there must be at least one
NUMA node, so returning NUMA node zero
2021-08-12 11:16:17.315688: I tensorflow/stream_executor/cuda/cuda_gpu_executor.cc:937]
successful NUMA node read from SysFS had negative value (-1), but there must be at least one
NUMA node, so returning NUMA node zero
2021-08-12 11:16:17.315957: I tensorflow/stream_executor/cuda/cuda_gpu_executor.cc:937]
successful NUMA node read from SysFS had negative value (-1), but there must be at least one
NUMA node, so returning NUMA node zero
2021-08-12 11:16:17.316301: I tensorflow/stream_executor/cuda/cuda_gpu_executor.cc:937]
successful NUMA node read from SysFS had negative value (-1), but there must be at least one
NUMA node, so returning NUMA node zero
2021-08-12 11:16:17.316581: I tensorflow/stream_executor/cuda/cuda_gpu_executor.cc:937]
successful NUMA node read from SysFS had negative value (-1), but there must be at least one
NUMA node, so returning NUMA node zero
2021-08-12 11:16:17.316831: I tensorflow/core/common_runtime/gpu/gpu_device.cc:1510]
Created device /job:localhost/replica:0/task:0/device:GPU:0 with 14648 MB memory:  -> device:
0, name: Tesla V100-SXM2-16GB, pci bus id: 0000:00:05.0, compute capability: 7.0
2021-08-12 11:16:17.318450: I tensorflow/core/grappler/optimizers/meta_optimizer.cc:1137]
Optimization results for grappler item: graph_to_optimize
    function_optimizer: function_optimizer did nothing. time = 0.007ms.
    function_optimizer: function_optimizer did nothing. time = 0.002ms.

2021-08-12 11:16:17.351933: W tensorflow/compiler/mlir/lite/python/tf_tfl_flatbuffer_
helpers.cc:351] Ignored output_format.
2021-08-12 11:16:17.351977: W tensorflow/compiler/mlir/lite/python/tf_tfl_flatbuffer_
helpers.cc:354] Ignored drop_control_dependency.
```

2021-08-12 11:16:17.355587: I tensorflow/compiler/mlir/tensorflow/utils/dump_mlir_util.cc:210] disabling MLIR crash reproducer, set env var 'MLIR_CRASH_REPRODUCER_DIRECTORY' to enable.

然后将模型写入 tflite 文件：

```
tflite_models_dir = pathlib.Path("/tmp/mnist_tflite_models/")
tflite_models_dir.mkdir(exist_ok=True, parents=True)

tflite_model_file = tflite_models_dir/"mnist_model.tflite"
tflite_model_file.write_bytes(tflite_model)
```

执行后输出：

```
84500
```

要导出量化模型时，请设置 optimizations 标志以优化大小：

```
converter.optimizations = [tf.lite.Optimize.DEFAULT]
tflite_quant_model = converter.convert()
tflite_model_quant_file = tflite_models_dir/"mnist_model_quant.tflite"
tflite_model_quant_file.write_bytes(tflite_quant_model)
```

执行后输出：

```
INFO:tensorflow:Assets written to: /tmp/tmp96urda5g/assets
INFO:tensorflow:Assets written to: /tmp/tmp96urda5g/assets
2021-08-12 11:16:17.933090: I tensorflow/stream_executor/cuda/cuda_gpu_executor.cc:937]
successful NUMA node read from SysFS had negative value (-1), but there must be at least one
NUMA node, so returning NUMA node zero
2021-08-12 11:16:17.933473: I tensorflow/core/grappler/devices.cc:66] Number of eligible
GPUs (core count >= 8, compute capability >= 0.0): 1
2021-08-12 11:16:17.933569: I tensorflow/core/grappler/clusters/single_machine.cc:357]
Starting new session
2021-08-12 11:16:17.933912: I tensorflow/stream_executor/cuda/cuda_gpu_executor.cc:937]
successful NUMA node read from SysFS had negative value (-1), but there must be at least one
NUMA node, so returning NUMA node zero
2021-08-12 11:16:17.934278: I tensorflow/stream_executor/cuda/cuda_gpu_executor.cc:937]
successful NUMA node read from SysFS had negative value (-1), but there must be at least one
NUMA node, so returning NUMA node zero
2021-08-12 11:16:17.934568: I tensorflow/stream_executor/cuda/cuda_gpu_executor.cc:937]
successful NUMA node read from SysFS had negative value (-1), but there must be at least one
NUMA node, so returning NUMA node zero
2021-08-12 11:16:17.934912: I tensorflow/stream_executor/cuda/cuda_gpu_executor.cc:937]
successful NUMA node read from SysFS had negative value (-1), but there must be at least one
NUMA node, so returning NUMA node zero
2021-08-12 11:16:17.935210: I tensorflow/stream_executor/cuda/cuda_gpu_executor.cc:937]
successful NUMA node read from SysFS had negative value (-1), but there must be at least one
NUMA node, so returning NUMA node zero
2021-08-12 11:16:17.935467: I tensorflow/core/common_runtime/gpu/gpu_device.cc:1510]
Created device /job:localhost/replica:0/task:0/device:GPU:0 with 14648 MB memory:  -> device:
```

```
0, name: Tesla V100-SXM2-16GB, pci bus id: 0000:00:05.0, compute capability: 7.0
    2021-08-12 11:16:17.937127: I tensorflow/core/grappler/optimizers/meta_optimizer.cc:1137]
Optimization results for grappler item: graph_to_optimize
        function_optimizer: function_optimizer did nothing. time = 0.008ms.
        function_optimizer: function_optimizer did nothing. time = 0.002ms.

    2021-08-12 11:16:17.971218: W tensorflow/compiler/mlir/lite/python/tf_tfl_flatbuffer_helpers.
cc:351] Ignored output_format.
    2021-08-12 11:16:17.971263: W tensorflow/compiler/mlir/lite/python/tf_tfl_flatbuffer_helpers.
cc:354] Ignored drop_control_dependency.
    2021-08-12 11:16:17.991496: I tensorflow/lite/tools/optimize/quantize_weights.cc:225]
Skipping quantization of tensor sequential/conv2d/Conv2D because it has fewer than 1024
elements (108).
    23904
```

（3）运行 TFLite 模型。

使用 Python TensorFlow Lite 解释器运行 TensorFlow Lite 模型，将模型加载到解释器中：

```
interpreter = tf.lite.Interpreter(model_path=str(tflite_model_file))
interpreter.allocate_tensors()

interpreter_quant = tf.lite.Interpreter(model_path=str(tflite_model_quant_file))
interpreter_quant.allocate_tensors()
```

（4）在一张图像上测试模型，代码如下：

```
test_image = np.expand_dims(test_images[0], axis=0).astype(np.float32)

input_index = interpreter.get_input_details()[0]["index"]
output_index = interpreter.get_output_details()[0]["index"]

interpreter.set_tensor(input_index, test_image)
interpreter.invoke()
predictions = interpreter.get_tensor(output_index)

import matplotlib.pylab as plt

plt.imshow(test_images[0])
template = "True:{true}, predicted:{predict}"
_ = plt.title(template.format(true= str(test_labels[0]),
                              predict=str(np.argmax(predictions[0]))))
plt.grid(False)
```

执行后效果如图 7-6 所示。

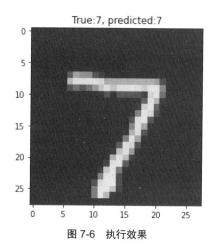

图7-6 执行效果

（5）评估模型，代码如下：

```
#使用test测试数据集，评估TFLite模型的辅助函数
def evaluate_model(interpreter):
    input_index = interpreter.get_input_details()[0]["index"]
    output_index = interpreter.get_output_details()[0]["index"]

    #对test数据集中的每个图像进行预处理
    prediction_digits = []
    for test_image in test_images:
        #预处理：添加批次维度，并转换为float32以匹配模型的输入数据格式
        test_image = np.expand_dims(test_image, axis=0).astype(np.float32)
        interpreter.set_tensor(input_index, test_image)

        #运行推断
        interpreter.invoke()

        # Post-processing：删除批次维度并找到最高的数字概率
        output = interpreter.tensor(output_index)
        digit = np.argmax(output()[0])
        prediction_digits.append(digit)

    #将预测结果与地面真值标签进行比较，以计算精度
    accurate_count = 0
    for index in range(len(prediction_digits)):
        if prediction_digits[index] == test_labels[index]:
            accurate_count += 1
    accuracy = accurate_count * 1.0 / len(prediction_digits)

    return accuracy

print(evaluate_model(interpreter))
```

执行后输出：

```
0.958
```

对动态范围量化模型重复评估：

```
print(evaluate_model(interpreter_quant))
```

执行后输出：

```
0.958
```

由此可见，本实例中的压缩模型在精度上没有区别。

（6）优化现有模型。

在 Tensorflow Hub 上提供了针对 resnet-v2-101 的预训练冻结图，可以通过以下方式将冻结图转换为带有量化的 TensorFlow Lite flatbuffer：

```
import tensorflow_hub as hub

resnet_v2_101 = tf.keras.Sequential([
    keras.layers.InputLayer(input_shape=(224, 224, 3)),
    hub.KerasLayer("https://hub.tensorflow.google.cn/google/imagenet/resnet_v2_101/
classification/4")
])

converter = tf.lite.TFLiteConverter.from_keras_model(resnet_v2_101)

#无须量化即可转换为TFLite
resnet_tflite_file = tflite_models_dir/"resnet_v2_101.tflite"
resnet_tflite_file.write_bytes(converter.convert())
```

执行后输出：

```
WARNING:tensorflow:Compiled the loaded model, but the compiled metrics have yet to be built.
'model.compile_metrics' will be empty until you train or evaluate the model.
WARNING:tensorflow:Compiled the loaded model, but the compiled metrics have yet to be built.
'model.compile_metrics' will be empty until you train or evaluate the model.
INFO:tensorflow:Assets written to: /tmp/tmpbckbhpxw/assets
INFO:tensorflow:Assets written to: /tmp/tmpbckbhpxw/assets
2021-08-12 11:16:38.804061: I tensorflow/stream_executor/cuda/cuda_gpu_executor.cc:937]
successful NUMA node read from SysFS had negative value (-1), but there must be at least one
NUMA node, so returning NUMA node zero
2021-08-12 11:16:38.804486: I tensorflow/core/grappler/devices.cc:66] Number of eligible
GPUs (core count >= 8, compute capability >= 0.0): 1
2021-08-12 11:16:38.804652: I tensorflow/core/grappler/clusters/single_machine.cc:357]
Starting new session
2021-08-12 11:16:38.805086: I tensorflow/stream_executor/cuda/cuda_gpu_executor.cc:937]
successful NUMA node read from SysFS had negative value (-1), but there must be at least
one NUMA node, so returning NUMA node zero
2021-08-12 11:16:38.805426: I tensorflow/stream_executor/cuda/cuda_gpu_executor.cc:937]
```

```
successful NUMA node read from SysFS had negative value (-1), but there must be at least one
NUMA node, so returning NUMA node zero
    2021-08-12 11:16:38.805694: I tensorflow/stream_executor/cuda/cuda_gpu_executor.cc:937]
successful NUMA node read from SysFS had negative value (-1), but there must be at least one
NUMA node, so returning NUMA node zero
    2021-08-12 11:16:38.806093: I tensorflow/stream_executor/cuda/cuda_gpu_executor.cc:937]
successful NUMA node read from SysFS had negative value (-1), but there must be at least one
NUMA node, so returning NUMA node zero
    2021-08-12 11:16:38.806386: I tensorflow/stream_executor/cuda/cuda_gpu_executor.cc:937]
successful NUMA node read from SysFS had negative value (-1), but there must be at least one
NUMA node, so returning NUMA node zero
    2021-08-12 11:16:38.806636: I tensorflow/core/common_runtime/gpu/gpu_device.cc:1510]
Created device /job:localhost/replica:0/task:0/device:GPU:0 with 14648 MB memory:  -> device:
0, name: Tesla V100-SXM2-16GB, pci bus id: 0000:00:05.0, compute capability: 7.0
    2021-08-12 11:16:38.929631: I tensorflow/core/grappler/optimizers/meta_optimizer.cc:1137]
Optimization results for grappler item: graph_to_optimize
        function_optimizer: Graph size after: 3495 nodes (2947), 5719 edges (5171), time = 75.817ms.
        function_optimizer: function_optimizer did nothing. time = 2.571ms.

    2021-08-12 11:16:45.142399: W tensorflow/compiler/mlir/lite/python/tf_tfl_flatbuffer_
helpers.cc:351] Ignored output_format.
    2021-08-12 11:16:45.142451: W tensorflow/compiler/mlir/lite/python/tf_tfl_flatbuffer_
helpers.cc:354] Ignored drop_control_dependency.
    178509352
```

然后通过量化转换为 TFLite, 代码如下:

```
converter.optimizations = [tf.lite.Optimize.DEFAULT]
resnet_quantized_tflite_file = tflite_models_dir/"resnet_v2_101_quantized.tflite"
resnet_quantized_tflite_file.write_bytes(converter.convert())
```

执行后输出:

```
    WARNING:tensorflow:Compiled the loaded model, but the compiled metrics have yet to be built.
'model.compile_metrics' will be empty until you train or evaluate the model.
    WARNING:tensorflow:Compiled the loaded model, but the compiled metrics have yet to be built.
'model.compile_metrics' will be empty until you train or evaluate the model.
    INFO:tensorflow:Assets written to: /tmp/tmp5p9jctff/assets
    INFO:tensorflow:Assets written to: /tmp/tmp5p9jctff/assets
    2021-08-12 11:16:55.845715: I tensorflow/stream_executor/cuda/cuda_gpu_executor.cc:937]
successful NUMA node read from SysFS had negative value (-1), but there must be at least one
NUMA node, so returning NUMA node zero
    2021-08-12 11:16:55.846085: I tensorflow/core/grappler/devices.cc:66] Number of eligible
GPUs (core count >= 8, compute capability >= 0.0): 1
    2021-08-12 11:16:55.846192: I tensorflow/core/grappler/clusters/single_machine.cc:357]
Starting new session
    2021-08-12 11:16:55.846602: I tensorflow/stream_executor/cuda/cuda_gpu_executor.cc:937]
successful NUMA node read from SysFS had negative value (-1), but there must be at least one
NUMA node, so returning NUMA node zero
    2021-08-12 11:16:55.846932: I tensorflow/stream_executor/cuda/cuda_gpu_executor.cc:937]
```

successful NUMA node read from SysFS had negative value (-1), but there must be at least one NUMA node, so returning NUMA node zero

    2021-08-12 11:16:55.847198: I tensorflow/stream_executor/cuda/cuda_gpu_executor.cc:937] successful NUMA node read from SysFS had negative value (-1), but there must be at least one NUMA node, so returning NUMA node zero

    2021-08-12 11:16:55.847626: I tensorflow/stream_executor/cuda/cuda_gpu_executor.cc:937] successful NUMA node read from SysFS had negative value (-1), but there must be at least one NUMA node, so returning NUMA node zero

    2021-08-12 11:16:55.847908: I tensorflow/stream_executor/cuda/cuda_gpu_executor.cc:937] successful NUMA node read from SysFS had negative value (-1), but there must be at least one NUMA node, so returning NUMA node zero

    2021-08-12 11:16:55.848152: I tensorflow/core/common_runtime/gpu/gpu_device.cc:1510] Created device /job:localhost/replica:0/task:0/device:GPU:0 with 14648 MB memory: -> device: 0, name: Tesla V100-SXM2-16GB, pci bus id: 0000:00:05.0, compute capability: 7.0

    2021-08-12 11:16:55.973014: I tensorflow/core/grappler/optimizers/meta_optimizer.cc:1137] Optimization results for grappler item: graph_to_optimize

      function_optimizer: Graph size after: 3495 nodes (2947), 5719 edges (5171), time = 76.741ms.

      function_optimizer: function_optimizer did nothing. time = 4.109ms.

    2021-08-12 11:17:00.507069: W tensorflow/compiler/mlir/lite/python/tf_tfl_flatbuffer_helpers.cc:351] Ignored output_format.

    2021-08-12 11:17:00.507116: W tensorflow/compiler/mlir/lite/python/tf_tfl_flatbuffer_helpers.cc:354] Ignored drop_control_dependency.

    46256864

在上面的输出结果中，模型大小从 178 MB 减少到 46MB。由此可见，可以使用为 TFLite 准确度测量提供的脚本来评估该模型在 imagenet 上的准确度。优化后的模型的 top-1 精度为 76.8，与浮点模型相同。

第8章

手写数字
识别器

经过本书前面内容的学习，已经了解了 TensorFlow Lite 开发的基础知识。在本章的内容中，将通过构建手写数字识别器的实现过程，详细讲解使用 TensorFlow Lite 开发大型软件项目的过程，包括项目的架构分析、创建模型和具体实现等知识。

8.1 系统介绍

机器学习已成为移动开发中的重要工具，为现代移动应用程序提供了许多智能功能。在本项目中，将基于 Codelab 开发机器学习模型，体验训练机器学习模型的端到端过程，该模型可以使用 TensorFlow 识别手写数字图像并将其部署到 Android 应用程序。在 Codelab 完成模型创建工作后，可以在 Android 应用程序中使用这个模型，识别我们手写的数字。本项目的具体结构如图 8-1 所示。

扫码观看本节视频讲解

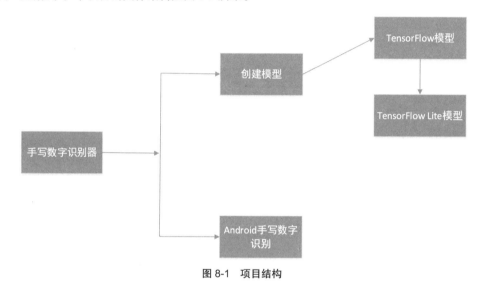

图 8-1　项目结构

8.2 创建模型

在创建手写数字识别器之前，需要先创建识别模型。先使用 TensorFlow 创建普通的数据模型，然后转换为 TensorFlow Lite 数据模型。在本项目中，通过文件 mo.py 创建模型，接下来将详细讲解这个模型文件的具体实现过程。

扫码观看本节视频讲解

8.2.1 创建 TensorFlow 数据模型

（1）首先导入 TensorFlow 和其他用于数据处理和可视化的支持库，代码如下：

```
import tensorflow as tf
from tensorflow import keras

import numpy as np
```

```
import matplotlib.pyplot as plt
import random

print(tf.__version__)
```

（2）下载并创建 MNIST 数据集。

在 MNIST 数据集中包含 60000 张训练图像和 10000 张手写数字测试图像。本实例将使用 MNIST 数据集来训练我们的数字分类模型。MNIST 数据集中的每个图像都是一个 28px × 28px 的灰度图像，其中包含一个从 0 到 9 的数字，以及一个标识图像中那个数字的标。代码如下：

```
#Keras提供了一个方便的API来下载MNIST数据集，并将它们分为 train和test
mnist = keras.datasets.mnist
(train_images, train_labels), (test_images, test_labels) = mnist.load_data()

#规范化输入图像，使每个像素值介于0到1之间
train_images = train_images / 255.0
test_images = test_images / 255.0
print('Pixels are normalized')

#显示训练数据集中的前25张图像
plt.figure(figsize=(10,10))
for i in range(25):
  plt.subplot(5,5,i+1)
  plt.xticks([])
  plt.yticks([])
  plt.grid(False)
  plt.imshow(train_images[i], cmap=plt.cm.gray)
  plt.xlabel(train_labels[i])
plt.show()
```

执行后会输出显示 MNIST 数据集中的一些内容，如图 8-2 所示。

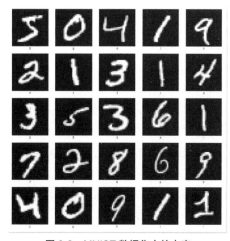

图 8-2　MNIST 数据集中的内容

（3）训练 TensorFlow 模型对数字进行分类。

接下来使用 Keras API 构建 TensorFlow 模型，并在 MNIST 的 train 数据集上对其进行训练。经过训练，模型将能够对数字图像进行分类。模型将 28px × 28px 灰度图像作为输入，并输出一个长度为 10 的浮点数组，表示图像是 0 到 9 之间数字的概率。本实例将使用一个简单的卷积神经网络，这是计算机视觉中的常用技术。代码如下：

```
#定义模型架构
model = keras.Sequential([
  keras.layers.InputLayer(input_shape=(28, 28)),
  keras.layers.Reshape(target_shape=(28, 28, 1)),
  keras.layers.Conv2D(filters=32, kernel_size=(3, 3), activation=tf.nn.relu),
  keras.layers.Conv2D(filters=64, kernel_size=(3, 3), activation=tf.nn.relu),
  keras.layers.MaxPooling2D(pool_size=(2, 2)),
  keras.layers.Dropout(0.25),
  keras.layers.Flatten(),
  keras.layers.Dense(10)
])

#定义如何训练模型
model.compile(optimizer='adam',
              loss=tf.keras.losses.SparseCategoricalCrossentropy(from_logits=True),
              metrics=['accuracy'])

#数字分类模型的训练
model.fit(train_images, train_labels, epochs=5)
```

然后通过如下代码查看当前模型的结构：

```
print(model.summary())
```

执行后输出：

```
Epoch 1/5
1875/1875 [==============================] - 566s 302ms/step - loss: 0.1389 - accuracy:
0.9584
Epoch 2/5
1875/1875 [==============================] - 470s 250ms/step - loss: 0.0539 - accuracy:
0.9840
Epoch 3/5
1875/1875 [==============================] - 488s 260ms/step - loss: 0.0391 - accuracy:
0.9873
Epoch 4/5
1875/1875 [==============================] - 451s 241ms/step - loss: 0.0301 - accuracy:
0.9902
Epoch 5/5
1875/1875 [==============================] - 346s 185ms/step - loss: 0.0245 - accuracy:
0.9923
Model: "sequential"
_____
Layer (type)                Output Shape              Param #
```

```
=========================================================
reshape (Reshape)              (None, 28, 28, 1)        0
_____
conv2d (Conv2D)                (None, 26, 26, 32)       320
_____
conv2d_1 (Conv2D)              (None, 24, 24, 64)       18496
_____
max_pooling2d (MaxPooling2D) (None, 12, 12, 64)         0
_____
dropout (Dropout)              (None, 12, 12, 64)       0
_____
flatten (Flatten)              (None, 9216)             0
_____
dense (Dense)                  (None, 10)               92170
=========================================================
Total params: 110,986
Trainable params: 110,986
Non-trainable params: 0
_____

None
313/313 [==============================] - 38s 120ms/step - loss: 0.0379 - accuracy: 0.9887
Test accuracy: 0.9886999726295471
```

模型中的每一层都有一个额外的无形状维度，称为批量维度。在机器学习中，通常会批量处理数据以提高吞吐量，因此 TensorFlow 会自动添加维度。

（4）评估模型。

针对模型在训练过程中没有看到的测试数据集运行我们的数字分类模型，以确认模型不仅记住了它看到的数字，而且还可以很好地应用到新图像。代码如下：

```
#使用测试数据集中的所有图像评估模型
test_loss, test_acc = model.evaluate(test_images, test_labels)
print('Test accuracy:', test_acc)
```

虽然模型比较简单，但是能够在模型从未见过的新图像上达到 98% 左右的良好准确率。通过如下代码将预测过程进行可视化处理：

```
#根据两个输入参数是否匹配，返回black/red的辅助函数
def get_label_color(val1, val2):
  if val1 == val2:
    return 'black'
  else:
    return 'red'

#预测测试数据集中数字图像的标签
predictions = model.predict(test_images)

#由于模型输出10个浮点数，表示输入图像为0到9之间的数字的概率
#我们需要找到最大的概率值，以找出模型预测图像中最可能出现的数字
```

```
prediction_digits = np.argmax(predictions, axis=1)

#绘制100张随机测试图像及其预测标签
#如果预测结果与测试数据集中提供的标签不同，将以红色突出显示
plt.figure(figsize=(18, 18))
for i in range(100):
  ax = plt.subplot(10, 10, i+1)
  plt.xticks([])
  plt.yticks([])
  plt.grid(False)
  image_index = random.randint(0, len(prediction_digits))
  plt.imshow(test_images[image_index], cmap=plt.cm.gray)
  ax.xaxis.label.set_color(get_label_color(prediction_digits[image_index],\
                                    test_labels[image_index]))
  plt.xlabel('Predicted: %d' % prediction_digits[image_index])
plt.show()
```

8.2.2　将 Keras 模型转换为 TensorFlow Lite

经过前面的介绍，已经成功地训练了数字分类器模型。在接下来的内容中，将这个模型转换为 TensorFlow Lite 格式以进行移动部署。

（1）将 Keras 模型转换为 TFLite 格式，代码如下：

```
#将Keras模型转换为TFLite格式
converter = tf.lite.TFLiteConverter.from_keras_model(model)
tflite_float_model = converter.convert()

#以KBs为单位显示模型大小
float_model_size = len(tflite_float_model) / 1024
print('Float model size = %dKBs.' % float_model_size)
```

（2）当将模型部署到移动设备时，希望模型尽可能小和尽可能快。量化是一种常用技术，常用于设备端机器学习以缩小 ML 模型。在这里将使用 8 位数字来近似我们的 32 位权重，反过来又将模型缩小了 75%。代码如下：

```
#使用量化将模型重新转换为TFLite
converter.optimizations = [tf.lite.Optimize.DEFAULT]
tflite_quantized_model = converter.convert()

#以KBs为单位显示模型大小
quantized_model_size = len(tflite_quantized_model) / 1024
print('Quantized model size = %dKBs,' % quantized_model_size)
print('which is about %d%% of the float model size.'\
      % (quantized_model_size * 100 / float_model_size))
```

（3）评估 TensorFlow Lite 模型。

通过使用量化，通常会牺牲一些准确性来换取显得更小的模型的好处。如果计算量化模型的准确率，会发现跟转换前的模型相比会有所下降。代码如下：

```python
#使用test测试数据集，评估TFLite模型的辅助函数
def evaluate_tflite_model(tflite_model):
    #使用模型初始化TFLite解释器
    interpreter = tf.lite.Interpreter(model_content=tflite_model)
    interpreter.allocate_tensors()
    input_tensor_index = interpreter.get_input_details()[0]["index"]
    output = interpreter.tensor(interpreter.get_output_details()[0]["index"])

    #对test测试数据集中的每张图像运行预测
    prediction_digits = []
    for test_image in test_images:
        #预处理：添加批次维度并转换为float32以匹配模型的输入数据格式
        test_image = np.expand_dims(test_image, axis=0).astype(np.float32)
        interpreter.set_tensor(input_tensor_index, test_image)

        #运行推断
        interpreter.invoke()

        #后处理：删除批次维度并找到概率最高的数字
        digit = np.argmax(output()[0])
        prediction_digits.append(digit)

    #将预测结果与地面真值标签进行比较，以计算精度
    accurate_count = 0
    for index in range(len(prediction_digits)):
        if prediction_digits[index] == test_labels[index]:
            accurate_count += 1
    accuracy = accurate_count * 1.0 / len(prediction_digits)

    return accuracy


#评估TFLite浮动模型。你会发现它的精确度与原始TF (Keras) 模型相同
#因为它们本质上是以不同格式存储的同一个模型
float_accuracy = evaluate_tflite_model(tflite_float_model)
print('Float model accuracy = %.4f' % float_accuracy)
#评估TFLite量化模型
#如果看到量化模型的精度高于原始浮点模型，请不要感到惊讶，有时确实会发生这种情况
quantized_accuracy = evaluate_tflite_model(tflite_quantized_model)
print('Quantized model accuracy = %.4f' % quantized_accuracy)
print('Accuracy drop = %.4f' % (float_accuracy - quantized_accuracy))
```

（4）下载 TensorFlow Lite 模型。

接下来获取转换后的 TensorFlow Lite 模型，并将其集成到 Android 应用程序中。代码如下：

```
#将量化模型保存到文件下载目录
f = open('mnist.tflite', "wb")
f.write(tflite_quantized_model)
f.close()

#下载数字分类模型
from google.colab import files
files.download('mnist.tflite')

print(''mnist.tflite' has been downloaded')
```

8.3   Android 手写数字识别器

在使用 TensorFlow 定义和训练机器学习模型，并将训练好的 TensorFlow 模型转换为 TensorFlow Lite 模型后，接下来将使用这个模型开发一个 Android 手写数字识别器。

扫码观看本节视频讲解

8.3.1   准备工作

（1）使用 Android Studio 导入本项目源码工程 "finish"，如图 8-3 所示。

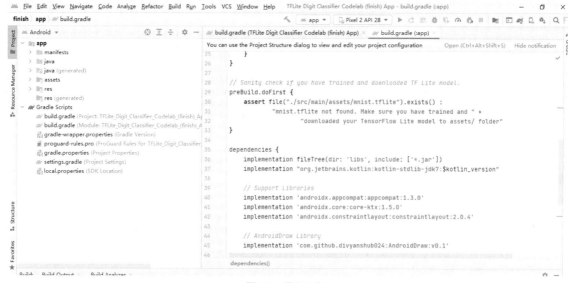

图 8-3   导入工程

（2）将 TensorFlow Lite 模型添加到工程。

将之前训练的 TensorFlow Lite 模型文件 mnist.tflite 复制到 Android 工程的目录中：

start/app/src/main/assets/

（3）更新 build.gradle。

打开 app 模块中的文件 build.gradle，分别设置 Android 的编译版本和运行版本，并添加一个 aaptOptions 选项以避免压缩 TFLite 模型文件，检查是否已训练并下载 TFLite 模型，最后通过代码 org. tensorflow:tensorflow-lite:2.5.0 添加 TensorFlow Lite 模型。代码如下：

```
android {
    compileSdkVersion 30
    defaultConfig {
        applicationId "org.tensorflow.lite.codelabs.digitclassifier"
        minSdkVersion 21
        targetSdkVersion 30
        versionCode 1
        versionName "1.0"
        testInstrumentationRunner "androidx.test.runner.AndroidJUnitRunner"
    }

    //TODO: 添加一个选项以避免压缩TFLite模型文件
    aaptOptions {
        noCompress "tflite"
    }

    buildTypes {
        release {
            minifyEnabled false
            proguardFiles getDefaultProguardFile('proguard-android-optimize.txt'),
'proguard-rules.pro'
        }
    }
}

//检查是否已训练并下载TFLite模型
preBuild.doFirst {
    assert file("./src/main/assets/mnist.tflite").exists() :
            "没有发现模型文件mnist.tflite！！！！"
}

dependencies {
    implementation fileTree(dir: 'libs', include: ['*.jar'])
    implementation "org.jetbrains.kotlin:kotlin-stdlib-jdk7:$kotlin_version"

    //Support库
    implementation 'androidx.appcompat:appcompat:1.3.0'
    implementation 'androidx.core:core-ktx:1.5.0'
    implementation 'androidx.constraintlayout:constraintlayout:2.0.4'

    //AndroidDraw库
```

```
    implementation 'com.github.divyanshub024:AndroidDraw:v0.1'

    //任务API
    implementation "com.google.android.gms:play-services-tasks:17.2.1"

    //TODO: 添加TFLite
    implementation 'org.tensorflow:tensorflow-lite:2.5.0'

    testImplementation 'junit:junit:4.13.2'
    androidTestImplementation 'androidx.test:runner:1.3.0'
    androidTestImplementation 'androidx.test.espresso:espresso-core:3.3.0'
}
```

8.3.2　页面布局

本项目的页面布局文件是 activity_main.xml，功能是在 Android 解码中分别设置一个按钮、绘图板和识别结果文本框，代码如下：

```xml
<?xml version="1.0" encoding="utf-8"?>
<androidx.constraintlayout.widget.ConstraintLayout
    xmlns:android="http://schemas.android.com/apk/res/android"
    xmlns:app="http://schemas.android.com/apk/res-auto"
    xmlns:tools="http://schemas.android.com/tools"
    android:layout_width="match_parent"
    android:layout_height="match_parent"
    tools:context=".MainActivity">

    <com.divyanshu.draw.widget.DrawView
        android:id="@+id/draw_view"
        android:layout_width="match_parent"
        android:layout_height="0dp"
        app:layout_constraintDimensionRatio="1:1"
        app:layout_constraintTop_toTopOf="parent"/>

    <TextView
        android:id="@+id/predicted_text"
        android:textStyle="bold"
        android:layout_width="wrap_content"
        android:layout_height="wrap_content"
        android:text="@string/prediction_text_placeholder"
        android:textSize="20sp"
        app:layout_constraintBottom_toTopOf="@id/clear_button"
        app:layout_constraintLeft_toLeftOf="parent"
        app:layout_constraintRight_toRightOf="parent"
        app:layout_constraintTop_toBottomOf="@id/draw_view"/>

    <Button
```

```
android:id="@+id/clear_button"
android:layout_width="wrap_content"
android:layout_height="wrap_content"
android:text="@string/clear_button_text"
app:layout_constraintBottom_toBottomOf="parent"
app:layout_constraintLeft_toLeftOf="parent"
app:layout_constraintRight_toRightOf="parent"/>

</androidx.constraintlayout.widget.ConstraintLayout>
```

8.3.3 实现 Activity

　　Activity 是 Android 组件中最基本也是最为常见用的四大组件（Activity、Service 服务，Content Provider 内容提供者，BroadcastReceiver 广播接收器）之一。Activity 是一个应用程序组件，提供一个屏幕，用户可以用来交互以完成某项任务。Activity 中的所有操作都与用户密切相关，是一个负责与用户交互的组件，可以通过 setContentView(View) 来显示指定控件。

　　本项目的 Activity 功能是由文件 MainActivity.kt 实现的，功能是调用前面的布局文件 activity_main.xml 显示一个绘图板界面，然后根据用户绘制的图形实现识别功能。文件 MainActivity.kt 的主要实现代码如下：

```
import android.annotation.SuppressLint
import android.graphics.Color
import android.os.Bundle
import androidx.appcompat.app.AppCompatActivity
import android.util.Log
import android.view.MotionEvent
import android.widget.Button
import android.widget.TextView
import com.divyanshu.draw.widget.DrawView

class MainActivity : AppCompatActivity() {

  private var drawView: DrawView? = null
  private var clearButton: Button? = null
  private var predictedTextView: TextView? = null
  private var digitClassifier = DigitClassifier(this)

  @SuppressLint("ClickableViewAccessibility")
  override fun onCreate(savedInstanceState: Bundle?) {
    super.onCreate(savedInstanceState)
    setContentView(R.layout.activity_main)

    //设置视图实例
    drawView = findViewById(R.id.draw_view)
    drawView?.setStrokeWidth(70.0f)
```

```kotlin
    drawView?.setColor(Color.WHITE)
    drawView?.setBackgroundColor(Color.BLACK)
    clearButton = findViewById(R.id.clear_button)
    predictedTextView = findViewById(R.id.predicted_text)

    //设置清除绘图按钮
    clearButton?.setOnClickListener {
      drawView?.clearCanvas()
      predictedTextView?.text = getString(R.string.prediction_text_placeholder)
    }

    //设置分类触发器，以便在绘制每个笔画后进行分类
    drawView?.setOnTouchListener { _, event ->
      //中断DrawView的触摸活动
      //需要将触摸事件传递到实例，以便显示图形
      drawView?.onTouchEvent(event)

      //如果用户完成了触摸事件，则运行分类
      if (event.action == MotionEvent.ACTION_UP) {
        classifyDrawing()
      }

      true
    }

    //设置数字分类器
    digitClassifier
      .initialize()
      .addOnFailureListener { e -> Log.e(TAG, "Error to setting up digit classifier.", e)
                              }
  }

  override fun onDestroy() {
    //将DigitClassifier实例生命周期与MainActivity生命周期同步
    //在活动被销毁后释放资源（例如TFLite实例）
    digitClassifier.close()
    super.onDestroy()
  }

  private fun classifyDrawing() {
    val bitmap = drawView?.getBitmap()

    if ((bitmap != null) && (digitClassifier.isInitialized)) {
      digitClassifier
        .classifyAsync(bitmap)
        .addOnSuccessListener { resultText -> predictedTextView?.text = resultText }
        .addOnFailureListener { e ->
          predictedTextView?.text = getString(
            R.string.classification_error_message,
```

```
                    e.localizedMessage
                )
                Log.e(TAG, "Error classifying drawing.", e)
            }
        }
    }

    companion object {
        private const val TAG = "MainActivity"
    }
}
```

8.3.4 实现 TensorFlow Lite 识别

编写文件 DigitClassifier.kt，功能是识别用户在绘图板中绘制的数字，使用 TensorFlow Lite 推断出识别结果。文件 DigitClassifier.kt 的具体实现流程如下。

（1）导入需要的库文件，设置在后台运行推断任务，代码如下：

```
import android.content.Context
import android.content.res.AssetManager
import android.graphics.Bitmap
import android.util.Log
import com.google.android.gms.tasks.Task
import com.google.android.gms.tasks.TaskCompletionSource
import java.io.FileInputStream
import java.io.IOException
import java.nio.ByteBuffer
import java.nio.ByteOrder
import java.nio.channels.FileChannel
import java.util.concurrent.ExecutorService
import java.util.concurrent.Executors
import org.tensorflow.lite.Interpreter
```

（2）定义识别类 DigitClassifier。

```
class DigitClassifier(private val context: Context) {
    //TODO:添加TFLite解释器作为字段
    private var interpreter: Interpreter? = null
    var isInitialized = false
        private set

    /* 在后台运行推断任务 */
    private val executorService: ExecutorService = Executors.newCachedThreadPool()

    private var inputImageWidth: Int = 0        //将根据TFLite模型推断
    private var inputImageHeight: Int = 0       //将根据TFLite模型推断
    private var modelInputSize: Int = 0         //将根据TFLite模型推断
```

（3）编写函数 initialize() 实现初始化操作，代码如下：

```kotlin
fun initialize(): Task<Void> {
  val task = TaskCompletionSource<Void>()
  executorService.execute {
    try {
      initializeInterpreter()
      task.setResult(null)
    } catch (e: IOException) {
      task.setException(e)
    }
  }
  return task.task
}
```

（4）从 assets 目录加载 TFLite 模型文件 mnist.tflite 并初始化解释器，然后从模型文件中读取输入形状。代码如下：

```kotlin
@Throws(IOException::class)
private fun initializeInterpreter() {

    //从本地文件夹加载TFLite模型，并在启用NNAPI的情况下初始化TFLite解释器
    val assetManager = context.assets
    val model = loadModelFile(assetManager, "mnist.tflite")
    val interpreter = Interpreter(model)

    //TODO: 从模型文件中读取模型输入形状

    //从模型文件中读取输入形状
    val inputShape = interpreter.getInputTensor(0).shape()
    inputImageWidth = inputShape[1]
    inputImageHeight = inputShape[2]
    modelInputSize = FLOAT_TYPE_SIZE * inputImageWidth *
      inputImageHeight * PIXEL_SIZE

    //完成解释器初始化
    this.interpreter = interpreter

    isInitialized = true
    Log.d(TAG, "Initialized TFLite interpreter.")
}

@Throws(IOException::class)
private fun loadModelFile(assetManager: AssetManager, filename: String): ByteBuffer {
  val fileDescriptor = assetManager.openFd(filename)
  val inputStream = FileInputStream(fileDescriptor.fileDescriptor)
  val fileChannel = inputStream.channel
  val startOffset = fileDescriptor.startOffset
```

```
      val declaredLength = fileDescriptor.declaredLength
      return fileChannel.map(FileChannel.MapMode.READ_ONLY, startOffset, declaredLength)
   }
```

（5）到目前为止，TensorFlow Lite 解释器已经设置好了，接下来编写代码识别输入图像中的数字。编写函数 classify() 和 classifyAsync() 实现图形推断和识别功能，我们将需要执行以下操作。

- 预处理输入。将Bitmap实例转换为ByteBuffer包含输入图像中所有像素的像素值的实例。我们使用ByteBuffer，是因为它比 Kotlin 原生浮点多维数组更快。
- 运行推断。
- 对输出进行后处理。将概率数组转换为人类可读的字符串。
- 从模型输出中识别出概率最高的数字，并返回一个包含预测结果和置信度的人类可读字符串，替换起始代码块中的 return 语句。

函数 classify() 和 classifyAsync() 的具体实现代码如下：

```kotlin
private fun classify(bitmap: Bitmap): String {
   check(isInitialized) { "TF Lite Interpreter is not initialized yet." }

   //TODO: 使用TFLite运行推断
   //预处理：调整输入图像的大小以匹配模型输入形状
   val resizedImage = Bitmap.createScaledBitmap(
     bitmap,
     inputImageWidth,
     inputImageHeight,
     true
   )
   val byteBuffer = convertBitmapToByteBuffer(resizedImage)

   //定义一个数组来存储模型输出
   val output = Array(1) { FloatArray(OUTPUT_CLASSES_COUNT) }

   //使用输入数据运行推断
   interpreter?.run(byteBuffer, output)

   //Post-processing:找到概率最高的数字并返回一个可读的字符串
   val result = output[0]
   val maxIndex = result.indices.maxByOrNull { result[it] } ?: -1
   val resultString =
     "Prediction Result: %d\nConfidence: %2f"
       .format(maxIndex, result[maxIndex])

   return resultString
}

fun classifyAsync(bitmap: Bitmap): Task<String> {
   val task = TaskCompletionSource<String>()
   executorService.execute {
     val result = classify(bitmap)
```

```
        task.setResult(result)
    }
    return task.task
}
```

（6）编写函数 close() 关闭识别服务，代码如下：

```
fun close() {
    executorService.execute {
        interpreter?.close()
        Log.d(TAG, "Closed TFLite interpreter.")
    }
}
```

（7）编写函数 convertBitmapToByteBuffer()，功能是将位图转换为字节缓冲区，代码如下：

```
private fun convertBitmapToByteBuffer(bitmap: Bitmap): ByteBuffer {
    val byteBuffer = ByteBuffer.allocateDirect(modelInputSize)
    byteBuffer.order(ByteOrder.nativeOrder())

    val pixels = IntArray(inputImageWidth * inputImageHeight)
    bitmap.getPixels(pixels, 0, bitmap.width, 0, 0, bitmap.width, bitmap.height)

    for (pixelValue in pixels) {
        val r = (pixelValue shr 16 and 0xFF)
        val g = (pixelValue shr 8 and 0xFF)
        val b = (pixelValue and 0xFF)

        //将RGB转换为灰度并将像素值规格化为[0,1]
        val normalizedPixelValue = (r + g + b) / 3.0f / 255.0f
        byteBuffer.putFloat(normalizedPixelValue)
    }

    return byteBuffer
}

companion object {
    private const val TAG = "DigitClassifier"

    private const val FLOAT_TYPE_SIZE = 4
    private const val PIXEL_SIZE = 1

    private const val OUTPUT_CLASSES_COUNT = 10
}
}
```

到此为止，整个项目工程全部开发完毕。单击 Android Studio 顶部的运行按钮运行本项目，在 Android 设备中将会显示执行效果，如图 8-4 所示。在黑色绘图板中写一个数字后会在下方显示识别结果，例如，在绘图板中手写"7"后的执行效果如图 8-5 所示。

图 8-4 执行效果

图 8-5 识别结果

第 9 章

鲜花识别系统

经过本书前面内容的学习，已经了解了使用 TensorFlow Lite 识别手写数字的知识。在本章的内容中，将通过一个鲜花识别系统的实现过程，详细讲解使用 TensorFlow Lite 开发大型软件项目的过程，包括项目的架构分析、创建模型和具体实现等知识。

9.1 系统介绍

机器学习已成为移动开发中的重要工具，为现代移动应用程序提供了许多智能功能。在本项目中，将基于 Codelab 开发机器学习模型，体验训练机器学习模型的端到端过程。该模型可以使用 TensorFlow 识别鲜花图像，然后将这个模型部署到 Android 应用程序。用手机的摄像头采集鲜花照片，可以实时识别鲜花的名字。本项目的具体结构如图 9-1 所示。

扫码观看本节视频讲解

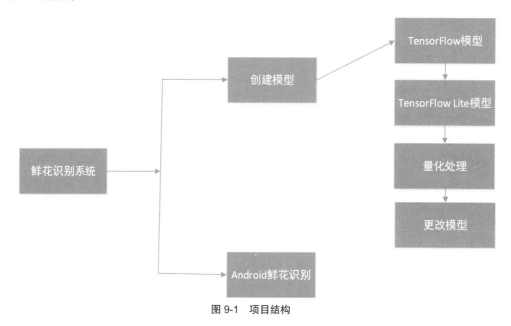

图 9-1 项目结构

9.2 创建模型

在创建鲜花识别系统之前，需要先创建识别模型。先使用 TensorFlow 创建普通的数据模型，然后转换为 TensorFlow Lite 数据模型。在本项目中，通过文件 mo.py 创建模型，接下来将详细讲解这个模型文件的具体实现过程。

扫码观看本节视频讲解

○ 9.2.1 创建 TensorFlow 数据模型

（1）首先通过如下命令安装 GitHub repo 中的库 Model Maker：

```
pip install -q tflite-model-maker
```

然后导入本项目需要的库：

```
import os

import numpy as np

import tensorflow as tf
assert tf.__version__.startswith('2')

from tflite_model_maker import model_spec
from tflite_model_maker import image_classifier
from tflite_model_maker.config import ExportFormat
from tflite_model_maker.config import QuantizationConfig
from tflite_model_maker.image_classifier import DataLoader

import matplotlib.pyplot as plt
```

（2）获取数据路径，代码如下：

```
image_path = tf.keras.utils.get_file(
        'flower_photos.tgz',
        'https://storage.googleapis.com/download.tensorflow.org/example_images/flower_photos.
tgz', extract=True)
    image_path = os.path.join(os.path.dirname(image_path), 'flower_photos')
```

执行后输出：

```
Downloading data from https://storage.googleapis.com/download.tensorflow.org/example_
images/flower_photos.tgz
228818944/228813984 [==============================] - 63s 0us/step
228827136/228813984 [==============================] - 63s 0us/step
```

（3）加载特定于设备上 ML 应用程序的输入数据，将其拆分为训练数据和测试数据。代码如下：

```
data = DataLoader.from_folder(image_path)
train_data, test_data = data.split(0.9)
```

执行后输出：

```
2021-09-12 11:22:56.386698: I tensorflow/stream_executor/cuda/cuda_gpu_executor.cc:937]
successful NUMA node read from SysFS had negative value (-1), but there must be at least one
NUMA node, so returning NUMA node zero
    INFO:tensorflow:Load image with size: 3670, num_label: 5, labels: daisy, dandelion, roses,
sunflowers, tulips.
2021-09-12 11:22:56.395523: I tensorflow/stream_executor/cuda/cuda_gpu_executor.cc:937]
successful NUMA node read from SysFS had negative value (-1), but there must be at least one
NUMA node, so returning NUMA node zero
2021-09-12 11:22:56.396549: I tensorflow/stream_executor/cuda/cuda_gpu_executor.cc:937]
successful NUMA node read from SysFS had negative value (-1), but there must be at least one
NUMA node, so returning NUMA node zero
```

```
2021-09-12 11:22:56.398220: I tensorflow/core/platform/cpu_feature_guard.cc:142] This
TensorFlow binary is optimized with oneAPI Deep Neural Network Library (oneDNN) to use the
following CPU instructions in performance-critical operations:  AVX2 AVX512F FMA
To enable them in other operations, rebuild TensorFlow with the appropriate compiler flags.
2021-09-12 11:22:56.398875: I tensorflow/stream_executor/cuda/cuda_gpu_executor.cc:937]
successful NUMA node read from SysFS had negative value (-1), but there must be at least one
NUMA node, so returning NUMA node zero
2021-09-12 11:22:56.400004: I tensorflow/stream_executor/cuda/cuda_gpu_executor.cc:937]
successful NUMA node read from SysFS had negative value (-1), but there must be at least one
NUMA node, so returning NUMA node zero
2021-09-12 11:22:56.400967: I tensorflow/stream_executor/cuda/cuda_gpu_executor.cc:937]
successful NUMA node read from SysFS had negative value (-1), but there must be at least one
NUMA node, so returning NUMA node zero
2021-09-12 11:22:57.007249: I tensorflow/stream_executor/cuda/cuda_gpu_executor.cc:937]
successful NUMA node read from SysFS had negative value (-1), but there must be at least one
NUMA node, so returning NUMA node zero
2021-09-12 11:22:57.008317: I tensorflow/stream_executor/cuda/cuda_gpu_executor.cc:937]
successful NUMA node read from SysFS had negative value (-1), but there must be at least one
NUMA node, so returning NUMA node zero
2021-09-12 11:22:57.009214: I tensorflow/stream_executor/cuda/cuda_gpu_executor.cc:937]
successful NUMA node read from SysFS had negative value (-1), but there must be at least one
NUMA node, so returning NUMA node zero
2021-09-12 11:22:57.010137: I tensorflow/core/common_runtime/gpu/gpu_device.cc:1510]
Created device /job:localhost/replica:0/task:0/device:GPU:0 with 14648 MB memory:  -> device:
0, name: Tesla V100-SXM2-16GB, pci bus id: 0000:00:05.0, compute capability: 7.0
```

（4）自定义 TensorFlow 模型，代码如下：

```
model = image_classifier.create(train_data)
```

执行后输出：

```
INFO:tensorflow:Retraining the models...
2021-09-12 11:23:00.961952: I tensorflow/compiler/mlir/mlir_graph_optimization_pass.cc:185]
None of the MLIR Optimization Passes are enabled (registered 2)
Model: "sequential"
```

Layer (type)	Output Shape	Param #
hub_keras_layer_v1v2 (HubKer	(None, 1280)	3413024
dropout (Dropout)	(None, 1280)	0
dense (Dense)	(None, 5)	6405

```
Total params: 3,419,429
Trainable params: 6,405
Non-trainable params: 3,413,024
```

```
None
Epoch 1/5
/tmpfs/src/tf_docs_env/lib/python3.7/site-packages/keras/optimizer_v2/optimizer_
v2.py:356: UserWarning: The 'lr' argument is deprecated, use 'learning_rate' instead.
    "The 'lr' argument is deprecated, use 'learning_rate' instead.")
2021-09-12 11:23:04.815901: I tensorflow/stream_executor/cuda/cuda_dnn.cc:369] Loaded cuDNN
version 8100
2021-09-12 11:23:05.396630: I tensorflow/core/platform/default/subprocess.cc:304] Start cannot
spawn child process: No such file or directory
103/103 [==============================] - 7s 38ms/step - loss: 0.8676 - accuracy: 0.7618
Epoch 2/5
103/103 [==============================] - 4s 41ms/step - loss: 0.6568 - accuracy: 0.8880
Epoch 3/5
103/103 [==============================] - 4s 37ms/step - loss: 0.6238 - accuracy: 0.9111
Epoch 4/5
103/103 [==============================] - 4s 37ms/step - loss: 0.6009 - accuracy: 0.9245
Epoch 5/5
103/103 [==============================] - 4s 37ms/step - loss: 0.5872 - accuracy: 0.9287
```

（5）评估模型，代码如下：

```
loss, accuracy = model.evaluate(test_data)
```

执行后输出：

```
12/12 [==============================] - 2s 45ms/step - loss: 0.5993 - accuracy: 0.9292
```

（6）使用类 DataLoader 加载数据，代码如下：

```
data = DataLoader.from_folder(image_path)
```

假设同一个类的图像数据在同一个子目录下，子文件夹名就是类名。目前 DataLoader 支持的可以加载的图像类型有 JPEG 格式和 PNG 格式。

然后将数据拆分为训练数据（80%）、验证数据（10%，可选）和测试数据（10%），代码如下：

```
train_data, rest_data = data.split(0.8)
validation_data, test_data = rest_data.split(0.5)
```

（7）输出显示 25 张带标签的图像，代码如下：

```
plt.figure(figsize=(10,10))
for i, (image, label) in enumerate(data.gen_dataset().unbatch().take(25)):
  plt.subplot(5,5,i+1)
  plt.xticks([])
  plt.yticks([])
  plt.grid(False)
  plt.imshow(image.numpy(), cmap=plt.cm.gray)
  plt.xlabel(data.index_to_label[label.numpy()])
plt.show()
```

执行效果如图 9-2 所示。

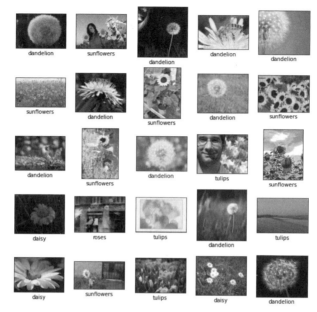

图 9-2　显示 25 张带标签的图像

（8）根据加载的数据创建自定义图像分类器模型，默认模型是 EfficientNet-Lite0。代码如下：

```
model = image_classifier.create(train_data, validation_data=validation_data)
```

（9）在 100 张测试图像中绘制预测结果，红色的预测标签是错误的预测结果，而其他是正确的。代码如下：

```
#如果预测结果与测试数据集中提供的标签不同，将以红色突出显示
plt.figure(figsize=(20, 20))
predicts = model.predict_top_k(test_data)
for i, (image, label) in enumerate(test_data.gen_dataset().unbatch().take(100)):
  ax = plt.subplot(10, 10, i+1)
  plt.xticks([])
  plt.yticks([])
  plt.grid(False)
  plt.imshow(image.numpy(), cmap=plt.cm.gray)

  predict_label = predicts[i][0][0]
  color = get_label_color(predict_label,
                          test_data.index_to_label[label.numpy()])
  ax.xaxis.label.set_color(color)
  plt.xlabel('Predicted: %s' % predict_label)
plt.show()
```

执行效果如图 9-3 所示。

图 9-3　在 100 张测试图像中绘制预测结果

9.2.2　将 Keras 模型转换为 TensorFlow Lite

经过前面的介绍，已经成功训练了数字分类器模型。在接下来的内容中，将这个模型转换为
TensorFlow Lite 格式以进行移动部署。

导出带有元数据的 TensorFlow Lite 模型，该元数据提供了模型描述的标准。将标签文件嵌入元数据中。
默认的训练后量化技术是图像分类任务的全整数量化。导出代码如下：

```
model.export(export_dir='.')
```

执行后输出:

```
2021-09-12 11:23:32.415723: I tensorflow/core/grappler/devices.cc:66] Number of eligible
GPUs (core count >= 8, compute capability >= 0.0): 1
2021-09-12 11:23:32.415840: I tensorflow/core/grappler/clusters/single_machine.cc:357]
Starting new session
2021-09-12 11:23:32.416303: I tensorflow/stream_executor/cuda/cuda_gpu_executor.cc:937]
successful NUMA node read from SysFS had negative value (-1), but there must be at least one
NUMA node, so returning NUMA node zero
2021-09-12 11:23:32.416699: I tensorflow/stream_executor/cuda/cuda_gpu_executor.cc:937]
successful NUMA node read from SysFS had negative value (-1), but there must be at least one
NUMA node, so returning NUMA node zero
2021-09-12 11:23:32.417007: I tensorflow/stream_executor/cuda/cuda_gpu_executor.cc:937]
successful NUMA node read from SysFS had negative value (-1), but there must be at least one
NUMA node, so returning NUMA node zero
2021-09-12 11:23:32.417414: I tensorflow/stream_executor/cuda/cuda_gpu_executor.cc:937]
successful NUMA node read from SysFS had negative value (-1), but there must be at least one
NUMA node, so returning NUMA node zero
2021-09-12 11:23:32.417738: I tensorflow/stream_executor/cuda/cuda_gpu_executor.cc:937]
successful NUMA node read from SysFS had negative value (-1), but there must be at least one
NUMA node, so returning NUMA node zero
2021-09-12 11:23:32.418047: I tensorflow/core/common_runtime/gpu/gpu_device.cc:1510]
Created device /job:localhost/replica:0/task:0/device:GPU:0 with 14648 MB memory:  -> device:
0, name: Tesla V100-SXM2-16GB, pci bus id: 0000:00:05.0, compute capability: 7.0
2021-09-12 11:23:32.451651: I tensorflow/core/grappler/optimizers/meta_optimizer.cc:1137]
Optimization results for grappler item: graph_to_optimize
        function_optimizer: Graph size after: 913 nodes (656), 923 edges (664), time = 17.945ms.
        function_optimizer: function_optimizer did nothing. time = 0.391ms.

2021-09-12 11:23:33.380451: W tensorflow/compiler/mlir/lite/python/tf_tfl_flatbuffer_
helpers.cc:351] Ignored output_format.
2021-09-12 11:23:33.380503: W tensorflow/compiler/mlir/lite/python/tf_tfl_flatbuffer_
helpers.cc:354] Ignored drop_control_dependency.
2021-09-12 11:23:33.426653: I tensorflow/compiler/mlir/tensorflow/utils/dump_mlir_util.
cc:210] disabling MLIR crash reproducer, set env var 'MLIR_CRASH_REPRODUCER_DIRECTORY' to enable.
fully_quantize: 0, inference_type: 6, input_inference_type: 3, output_inference_type: 3
WARNING:absl:For model inputs containing unsupported operations which cannot be quantized,
the 'inference_input_type' attribute will default to the original type.
INFO:tensorflow:Label file is inside the TFLite model with metadata.
INFO:tensorflow:Label file is inside the TFLite model with metadata.
INFO:tensorflow:Saving labels in /tmp/tmpny214hzn/labels.txt
INFO:tensorflow:Saving labels in /tmp/tmpny214hzn/labels.txt
INFO:tensorflow:TensorFlow Lite model exported successfully: ./model.tflite
INFO:tensorflow:TensorFlow Lite model exported successfully: ./model.tflite
```

上述模式可以集成到 Android,或使用的 iOS 应用 ImageClassifier API 中的 TensorFlow 精简版任务库,允许的导出格式可以是以下之一。

- ExportFormat.TFLITE。
- ExportFormat.LABEL。
- ExportFormat.SAVED_MODEL。

在默认情况下，只导出带有元数据的 TensorFlow Lite 模型。还可以有选择地导出不同的文件。例如下面的代码仅导出标签文件：

```
model.export(export_dir='.', export_format=ExportFormat.LABEL)
```

还可以使用 evaluate_tflite 方法评估 tflite 模型，代码如下：

```
model.evaluate_tflite('model.tflite', test_data)
```

执行后输出：

```
{'accuracy': 0.9019073569482289}
```

9.2.3　量化处理

接下来开始在 TensorFlow Lite 模型上自定义训练后量化，训练后量化是一种转换技术，可以减少模型大小和推理延迟，同时还可以提高 CPU 和硬件加速器的推理速度，但是模型的精度会略有下降。因此，它被广泛用于优化模型。

库 Model Maker 在导出模型时应用默认的训练后量化技术，如果想自定义训练后量化，Model Maker 也支持使用 QuantizationConfig 的多个训练后量化选项。例如下面的代码，以 float16 量化为例定义量化配置。

```
config = QuantizationConfig.for_float16()
```

然后用这样的配置导出 TensorFlow Lite 模型，代码如下：

```
model.export(export_dir='.', tflite_filename='model_fp16.tflite', quantization_config=config)
```

```
INFO:tensorflow:Assets written to: /tmp/tmp3tagi8ov/assets
INFO:tensorflow:Assets written to: /tmp/tmp3tagi8ov/assets
2021-09-12 11:33:19.486299: I tensorflow/stream_executor/cuda/cuda_gpu_executor.cc:937]
successful NUMA node read from SysFS had negative value (-1), but there must be at least one
NUMA node, so returning NUMA node zero
2021-09-12 11:33:19.486660: I tensorflow/core/grappler/devices.cc:66] Number of eligible
GPUs (core count >= 8, compute capability >= 0.0): 1
2021-09-12 11:33:19.486769: I tensorflow/core/grappler/clusters/single_machine.cc:357]
Starting new session
2021-09-12 11:33:19.487314: I tensorflow/stream_executor/cuda/cuda_gpu_executor.cc:937]
successful NUMA node read from SysFS had negative value (-1), but there must be at least one
NUMA node, so returning NUMA node zero
2021-09-12 11:33:19.487754: I tensorflow/stream_executor/cuda/cuda_gpu_executor.cc:937]
successful NUMA node read from SysFS had negative value (-1), but there must be at least one
NUMA node, so returning NUMA node zero
```

```
    2021-09-12 11:33:19.488070: I tensorflow/stream_executor/cuda/cuda_gpu_executor.cc:937]
successful NUMA node read from SysFS had negative value (-1), but there must be at least one
NUMA node, so returning NUMA node zero
    2021-09-12 11:33:19.488480: I tensorflow/stream_executor/cuda/cuda_gpu_executor.cc:937]
successful NUMA node read from SysFS had negative value (-1), but there must be at least one
NUMA node, so returning NUMA node zero
    2021-09-12 11:33:19.488804: I tensorflow/stream_executor/cuda/cuda_gpu_executor.cc:937]
successful NUMA node read from SysFS had negative value (-1), but there must be at least one
NUMA node, so returning NUMA node zero
    2021-09-12 11:33:19.489094: I tensorflow/core/common_runtime/gpu/gpu_device.cc:1510]
Created device /job:localhost/replica:0/task:0/device:GPU:0 with 14648 MB memory:  -> device:
0, name: Tesla V100-SXM2-16GB, pci bus id: 0000:00:05.0, compute capability: 7.0
    2021-09-12 11:33:19.525503: I tensorflow/core/grappler/optimizers/meta_optimizer.cc:1137]
Optimization results for grappler item: graph_to_optimize
    function_optimizer: Graph size after: 913 nodes (656), 923 edges (664), time = 19.663ms.
    function_optimizer: function_optimizer did nothing. time = 0.423ms.
    INFO:tensorflow:Label file is inside the TFLite model with metadata.
    2021-09-12 11:33:19.358426: W tensorflow/compiler/mlir/lite/python/tf_tfl_flatbuffer_
helpers.cc:351] Ignored output_format.
    2021-09-12 11:33:19.358474: W tensorflow/compiler/mlir/lite/python/tf_tfl_flatbuffer_
helpers.cc:354] Ignored drop_control_dependency.
    INFO:tensorflow:Label file is inside the TFLite model with metadata.
    INFO:tensorflow:Saving labels in /tmp/tmpyiyio9gh/labels.txt
    INFO:tensorflow:Saving labels in /tmp/tmpyiyio9gh/labels.txt
    INFO:tensorflow:TensorFlow Lite model exported successfully: ./model_fp16.tflite
    INFO:tensorflow:TensorFlow Lite model exported successfully: ./model_fp16.tflite
```

9.2.4 更改模型

在创建模型后我们可以修改模型，具体来说可以通过如下几种方式进行修改。

1. 更改库中支持的模型

我们创建的模型支持转换为 EfficientNet-Lite、MobileNetV2 和 ResNet50 模型。其中，EfficientNet-Lite 是一系列图像分类模型，可以实现最先进的精度并适用于边缘设备。默认模型是 EfficientNet-Lite0。

只需在 create() 方法中将参数设置为 MobileNetV2 模型，就可以将模型切换到 MobileNetV2。代码如下：

```
model = image_classifier.create(train_data, model_spec=model_spec.get('mobilenet_v2'),
validation_data=validation_data)
```

执行后输出：

```
INFO:tensorflow:Retraining the models...
INFO:tensorflow:Retraining the models...
Model: "sequential_2"
```

Layer (type)	Output Shape	Param #

```
==========================================================
hub_keras_layer_v1v2_2 (HubK  (None, 1280)              2257984

dropout_2 (Dropout)            (None, 1280)              0

dense_2 (Dense)                (None, 5)                 6405
==========================================================
Total params: 2,264,389
Trainable params: 6,405
Non-trainable params: 2,257,984
```

```
None
Epoch 1/5
/tmpfs/src/tf_docs_env/lib/python3.7/site-packages/keras/optimizer_v2/optimizer_v2.py:356:
UserWarning: The 'lr' argument is deprecated, use 'learning_rate' instead.
    "The 'lr' argument is deprecated, use 'learning_rate' instead.")
91/91 [==============================] - 8s 57ms/step - loss: 0.9474 - accuracy: 0.7486 -
val_loss: 0.6713 - val_accuracy: 0.8807
    Epoch 2/5
91/91 [==============================] - 5s 54ms/step - loss: 0.7013 - accuracy: 0.8764 -
val_loss: 0.6342 - val_accuracy: 0.9119
    Epoch 3/5
91/91 [==============================] - 5s 54ms/step - loss: 0.6577 - accuracy: 0.8963 -
val_loss: 0.6328 - val_accuracy: 0.9119
    Epoch 4/5
91/91 [==============================] - 5s 54ms/step - loss: 0.6245 - accuracy: 0.9176 -
val_loss: 0.6445 - val_accuracy: 0.9006
    Epoch 5/5
91/91 [==============================] - 5s 55ms/step - loss: 0.6034 - accuracy: 0.9303 -
val_loss: 0.6290 - val_accuracy: 0.9091
```

评估新训练的 MobileNetV2 模型以查看测试数据的准确性和损失，代码如下：

```
loss, accuracy = model.evaluate(test_data)
```

执行后输出：

```
12/12 [==============================] - 1s 38ms/step - loss: 0.6723 - accuracy: 0.8883
```

2. 更改 TensorFlow Hub 中的模型
我们还可以切换到其他新模型，输入图像并输出 TensorFlow Hub 格式的特征向量。以 Inception V3 模型为例，我们可以定义 inception_v3_specwhich 是 image_classifier.ModelSpec 的对象，包含 Inception V3 模型的规范。

我们需要指定模型名称 name，TensorFlow Hub 模型的 url 和 uri。同时，默认值 input_image_shape 是 [224, 224]，需要将其更改为 [299, 299]，即 Inception V3 模型。

```
inception_v3_spec = image_classifier.ModelSpec(
    uri='https://tfhub.dev/google/imagenet/inception_v3/feature_vector/1')
```

inception_v3_spec.input_image_shape = [299, 299]

然后，将参数 model_spec 设置为 inception_v3_specincreate，可以重新训练 Inception V3 模型。其余步骤完全相同，最终可以得到一个定制的 Inception V3 TensorFlow Lite 模型。

3. 更改自定义模型

如果想使用 TensorFlow Hub 中没有的自定义模型，应该在 TensorFlow Hub 中创建和导出 ModelSpec。然后开始像上面的过程那样定义对象。

9.3 Android 鲜花识别器

使用 TensorFlow 定义和训练机器学习模型，并将训练好的 TensorFlow 模型转换为 TensorFlow Lite 模型后，接下来将使用这个模型开发一个 Android 鲜花识别系统。

扫码观看本节视频讲解

9.3.1 准备工作

（1）使用 Android Studio 导入本项目源码工程 TFLClassify-main，如图 9-4 所示。

图 9-4　导入工程

（2）将 TensorFlow Lite 模型添加到工程。

将之前训练的 TensorFlow Lite 模型文件 mnist.tflite 复制到 Android 工程目录中：

TFLClassify-main/finish/src/main/ml

（3）更新 build.gradle。

打开 app 模块中的文件 build.gradle，分别设置 Android 的编译版本和运行版本，设置需要使用的库文件，例如摄像头库 CameraX、GPU 代理库，最后添加对 TensorFlow Lite 模型库的引用。代码如下：

```
plugins {
    id 'com.android.application'
    id 'kotlin-android'

    //建议使用Kotlin-kapt进行数据绑定
    id 'kotlin-kapt'
}

android {
    compileSdkVersion 30

    defaultConfig {
        applicationId "org.tensorflow.lite.examples.classification"
        minSdkVersion 21
        targetSdkVersion 30
        versionCode 1
        versionName "1.0"

        testInstrumentationRunner "androidx.test.runner.AndroidJUnitRunner"
    }

    buildTypes {
        release {
            minifyEnabled false
            proguardFiles getDefaultProguardFile('proguard-android-optimize.txt'),
'proguard-rules.pro'
        }
    }

    //CameraX需要Java 8，这个compileOptions块是必需的
    compileOptions {
        sourceCompatibility JavaVersion.VERSION_1_8
        targetCompatibility JavaVersion.VERSION_1_8
    }
    kotlinOptions {
        jvmTarget = '1.8'
    }

    //启用数据绑定
    buildFeatures{
        dataBinding = true
        mlModelBinding true
    }

}

dependencies {
```

```
//Kotlin和Jetpack默认导入
implementation "org.jetbrains.kotlin:kotlin-stdlib:$kotlin_version"
implementation 'androidx.core:core-ktx:1.3.2'
implementation 'androidx.appcompat:appcompat:1.2.0'
implementation 'com.google.android.material:material:1.2.1'
implementation 'org.tensorflow:tensorflow-lite-support:0.1.0-rc1'
implementation "androidx.recyclerview:recyclerview:1.1.0"
implementation 'org.tensorflow:tensorflow-lite-metadata:0.1.0-rc1'

//导入CameraX
def camerax_version = "1.0.0-beta10"
//使用camera2实现的CameraX核心库
implementation "androidx.camera:camera-camera2:$camerax_version"
//CameraX生命周期库
implementation "androidx.camera:camera-lifecycle:$camerax_version"
//CameraX视图类
implementation "androidx.camera:camera-view:1.0.0-alpha17"
implementation "androidx.activity:activity-ktx:1.1.0"

//TODO 5: 可选GPU代理
implementation 'org.tensorflow:tensorflow-lite-gpu:2.3.0'

testImplementation 'junit:junit:4.13'
androidTestImplementation 'androidx.test.ext:junit:1.1.2'
androidTestImplementation 'androidx.test.espresso:espresso-core:3.3.0'
}
```

9.3.2　页面布局

本项目的页面布局文件是 activity_main.xml，功能是在 Android 界面中显示相机预览框视图，在下方显示识别结果。文件 activity_main.xml 的具体实现代码如下：

```
<merge
    xmlns:android="http://schemas.android.com/apk/res/android"
    xmlns:app="http://schemas.android.com/apk/res-auto"
    xmlns:tools="http://schemas.android.com/tools"
    android:layout_width="match_parent"
    android:layout_height="match_parent"
    tools:context=".MainActivity">

    <androidx.camera.view.PreviewView
        android:id="@+id/viewFinder"
        android:layout_width="match_parent"
        android:layout_height="match_parent" />

    <androidx.appcompat.widget.Toolbar
        android:id="@+id/toolbar"
```

```
        android:layout_width="match_parent"
        android:layout_height="?attr/actionBarSize"
        android:layout_gravity="top"
        android:background="#8000">

            <ImageView
                android:layout_width="wrap_content"
                android:layout_height="wrap_content"
                android:src="@drawable/tfl2_logo"
                android:contentDescription="@string/tensorflow_lite_logo_
description" />

        </androidx.appcompat.widget.Toolbar>
        <androidx.recyclerview.widget.RecyclerView
            android:id="@+id/recognitionResults"
            android:layout_width="match_parent"
            android:layout_height="wrap_content"
            android:layout_gravity="bottom"
            android:orientation="vertical"
            app:layoutManager="LinearLayoutManager"  />

    </merge>
```

通过上述代码，在 RecyclerView 识别结果视图区域调用 LinearLayoutManager 来显示识别结果。LinearLayoutManager 的功能在文件 recognition_item.xml 中实现，功能是通过两列文字显示识别结果。文件 recognition_item.xml 的具体实现代码如下：

```
<layout xmlns:android="http://schemas.android.com/apk/res/android"
    xmlns:tools="http://schemas.android.com/tools">

    <data>

        <variable
            name="recognitionItem"
            type="org.tensorflow.lite.examples.classification.viewmodel.Recognition" />
    </data>

    <LinearLayout
        android:layout_width="match_parent"
        android:layout_height="wrap_content"
        android:background="#8000"
        android:orientation="horizontal">

        <TextView
            android:id="@+id/recognitionName"
            android:layout_width="0dp"
            android:layout_height="wrap_content"
            android:layout_weight="2"
            android:padding="8dp"
            android:text="@{recognitionItem.label}"
```

```
        android:textColor="@color/white"
        android:textAppearance="?attr/textAppearanceHeadline6"
        tools:text="Orange" />

    <TextView
        android:id="@+id/recognitionProb"
        android:layout_width="0dp"
        android:layout_height="wrap_content"
        android:layout_weight="1"
        android:gravity="end"
        android:padding="8dp"
        android:text="@{recognitionItem.probabilityString}"
        android:textColor="@color/white"
        android:textAppearance="?attr/textAppearanceHeadline6"
        tools:text="99%" />

    </LinearLayout>
</layout>
```

9.3.3 实现 UI Activity

本项目的 UI Activity 功能是由文件 RecognitionAdapter.kt 实现的，功能是使用项目布局和数据绑定来扩展 ViewHolder。文件 RecognitionAdapter.kt 的主要实现代码如下：

```
class RecognitionAdapter(private val ctx: Context) :
    ListAdapter<Recognition, RecognitionViewHolder>(RecognitionDiffUtil()) {

    /**
     * 使用项目布局和数据绑定来扩展ViewHolder
     */
    override fun onCreateViewHolder(parent: ViewGroup, viewType: Int): RecognitionViewHolder {
        val inflater = LayoutInflater.from(ctx)
        val binding = RecognitionItemBinding.inflate(inflater, parent, false)
        return RecognitionViewHolder(binding)
    }

    //将数据字段绑定到RecognitionViewHolder
    override fun onBindViewHolder(holder: RecognitionViewHolder, position: Int) {
        holder.bindTo(getItem(position))
    }

    private class RecognitionDiffUtil : DiffUtil.ItemCallback<Recognition>() {
        override fun areItemsTheSame(oldItem: Recognition, newItem: Recognition): Boolean {
            return oldItem.label == newItem.label
        }
```

```
    override fun areContentsTheSame(oldItem: Recognition, newItem: Recognition): Boolean {
        return oldItem.confidence == newItem.confidence
    }
}


}

class RecognitionViewHolder(private val binding: RecognitionItemBinding) :
    RecyclerView.ViewHolder(binding.root) {

    //将所有字段绑定到视图，要查看哪个UI元素就绑定到哪个字段
    //请查看文件layout/recognition_item.xml
    fun bindTo(recognition: Recognition) {
        binding.recognitionItem = recognition
        binding.executePendingBindings()
    }
}
```

9.3.4　实现主 Activity

本项目的主 Activity 功能是由文件 MainActivity.kt 实现的，功能是调用前面的布局文件 activity_main .xml，在屏幕上方显示一个相机预览界面，在屏幕下方显示识别结果的文字信息。文件 MainActivity.kt 的具体实现流程如下所示。

（1）定义需要的常量，设置在屏幕中显示 3 行预测及使用相机权限。代码如下：

```
//常量
private const val MAX_RESULT_DISPLAY = 3              //显示的最大结果数
private const val TAG = "TFL Classify"               //日志记录的名称
private const val REQUEST_CODE_PERMISSIONS = 999      //获取请求权限
private val REQUIRED_PERMISSIONS = arrayOf(Manifest.permission.CAMERA) //相机权限

//ImageAnalyzer结果的侦听器
typealias RecognitionListener = (recognition: List<Recognition>) -> Unit
```

（2）创建 TensorFlow Lite 分类器的入口类 MainActivity，打开相机预览功能，并在下方实现实时识别。代码如下：

```
class MainActivity : AppCompatActivity() {

    //CameraX变量
    private lateinit var preview: Preview              //预览实例，快速、灵敏地查看相机
    private lateinit var imageAnalyzer: ImageAnalysis  //分析实例，用于运行ML代码
    private lateinit var camera: Camera
    private val cameraExecutor = Executors.newSingleThreadExecutor()
```

```kotlin
//视图附件
private val resultRecyclerView by lazy {
    findViewById<RecyclerView>(R.id.recognitionResults) //显示分析结果
}
private val viewFinder by lazy {
    findViewById<PreviewView>(R.id.viewFinder) //显示来自摄影机的预览图像
}

//识别结果。因为它是一个viewModel，所以可以在屏幕旋转后继续使用
private val recogViewModel: RecognitionListViewModel by viewModels()

override fun onCreate(savedInstanceState: Bundle?) {
    super.onCreate(savedInstanceState)
    setContentView(R.layout.activity_main)

    //请求相机权限
    if (allPermissionsGranted()) {
        startCamera()
    } else {
        ActivityCompat.requestPermissions(
            this, REQUIRED_PERMISSIONS, REQUEST_CODE_PERMISSIONS
        )
    }

    //初始化resultRecyclerView及其链接的ViewAdapter
    val viewAdapter = RecognitionAdapter(this)
    resultRecyclerView.adapter = viewAdapter

    //禁用"回放视图"动画以减少闪烁，否则项目会随着列表的更改而移动、淡入和淡出
    resultRecyclerView.itemAnimator = null

    //在recognitionList的LiveData字段上附加一个观察者
    //每当在recognitionList的LiveData字段上设置新列表时，将通知recycler视图进行更新
    recogViewModel.recognitionList.observe(this,
        Observer {
            viewAdapter.submitList(it)
        }
    )

}
```

（3）编写函数 allPermissionsGranted()，功能是检查是否已授予所有权限，在本实例中是检查是否获取操作相机的权限。代码如下：

```kotlin
private fun allPermissionsGranted(): Boolean = REQUIRED_PERMISSIONS.all {
    ContextCompat.checkSelfPermission(
        baseContext, it
```

```
        ) == PackageManager.PERMISSION_GRANTED
    }
```

（4）编写函数 onRequestPermissionsResult()，功能是弹出是否开启"摄影机权限"提醒框窗口。代码如下：

```
override fun onRequestPermissionsResult(
    requestCode: Int,
    permissions: Array<String>,
    grantResults: IntArray
) {
    if (requestCode == REQUEST_CODE_PERMISSIONS) {
        if (allPermissionsGranted()) {
            startCamera()
        } else {
            //如果未授予权限，请退出应用程序
            //更多有关权限信息的说明，请参阅：
            //https://developer.android.com/training/permissions/usage-notes
            Toast.makeText(
                this,
                getString(R.string.permission_deny_text),
                Toast.LENGTH_SHORT
            ).show()
            finish()
        }
    }
}
```

（5）编写函数 startCamera()，功能是启动手机中的摄影机，具体包括如下 4 个功能。
- 初始化预览用例。
- 初始化图像分析仪用例。
- 将上述两者都附加到此活动的生命周期。
- 通过管道将预览对象的输出传输到屏幕上的PreviewView视图。

函数 startCamera() 的具体实现代码如下所示：

```
private fun startCamera() {
    val cameraProviderFuture = ProcessCameraProvider.getInstance(this)

    cameraProviderFuture.addListener(Runnable {
        //将相机的生命周期绑定到生命周期所有者
        val cameraProvider: ProcessCameraProvider = cameraProviderFuture.get()

        preview = Preview.Builder()
            .build()

        imageAnalyzer = ImageAnalysis.Builder()
            //为要分析的图像设置理想的尺寸
```

```
//CameraX将选择可能不完全相同或保持相同纵横比的最合适的分辨率
        .setTargetResolution(Size(224, 224))
        //图像分析仪应如何输入，1.每帧，但不掉帧
        //2.转到最新帧，可能会丢失一些帧。默认值为2
        //STRATEGY_KEEP_ONLY_LATEST. 以下行是可选的，为了清晰起见，保留在此处
        .setBackpressureStrategy(ImageAnalysis.STRATEGY_KEEP_ONLY_LATEST)
        .build()
        .also { analysisUseCase: ImageAnalysis ->
          analysisUseCase.setAnalyzer(cameraExecutor, ImageAnalyzer(this) { items ->
                //更新已识别对象的列表
                recogViewModel.updateData(items)
          })
        }

    //选择"摄影机"，默认为"后退"。如果不可用，请选择前摄像头
    val cameraSelector =
        if (cameraProvider.hasCamera(CameraSelector.DEFAULT_BACK_CAMERA))
          CameraSelector.DEFAULT_BACK_CAMERA else CameraSelector.DEFAULT_FRONT_
CAMERA

    try {
        //在重新绑定之前解除绑定实例
        cameraProvider.unbindAll()

        //将用例绑定到相机。尝试一次绑定所有内容，CameraX将找到最佳组合
        camera = cameraProvider.bindToLifecycle(
            this, cameraSelector, preview, imageAnalyzer
        )

        //将预览附加到预览视图，也称为取景器
        preview.setSurfaceProvider(viewFinder.surfaceProvider)
    } catch (exc: Exception) {
        Log.e(TAG, "Use case binding failed", exc)
    }

}, ContextCompat.getMainExecutor(this))
}
```

（6）编写类 ImageAnalyzer，功能是分析摄像机中采集的图片信息，使用 TensorFlow Lite 模型实现图像识别。代码如下：

```
private class ImageAnalyzer(ctx: Context, private val listener: RecognitionListener) :
    ImageAnalysis.Analyzer {

    //TODO 1: 添加类变量TensorFlow Lite模型
    //通过lazy初始化flowerModel，以便在调用process方法时在同一线程中运行
    private val flowerModel: FlowerModel by lazy{
```

```
//TODO 2. 可选选项, 开启GPU加速
val compatList = CompatibilityList()

val options = if(compatList.isDelegateSupportedOnThisDevice) {
    Log.d(TAG, "This device is GPU Compatible ")
    Model.Options.Builder().setDevice(Model.Device.GPU).build()
} else {
    Log.d(TAG, "This device is GPU Incompatible ")
    Model.Options.Builder().setNumThreads(4).build()
}

//初始化花模型
FlowerModel.newInstance(ctx, options)
}

override fun analyze(imageProxy: ImageProxy) {

    val items = mutableListOf<Recognition>()

    //TODO 3: 将图像转换为位图, 然后转换为TensorImage
    val tfImage = TensorImage.fromBitmap(toBitmap(imageProxy))

      //TODO 4: 使用经过训练的模型对图像进行处理, 并对处理结果进行排序和挑选
        val outputs = flowerModel.process(tfImage)
        .probabilityAsCategoryList.apply {
            sortByDescending { it.score } //首先以最高的得分排序
        }.take(MAX_RESULT_DISPLAY) //以最高的得分为例

    //TODO 5: 将最高概率项转换为识别列表
    for (output in outputs) {
        items.add(Recognition(output.label, output.score))
    }

    //返回结果
    listener(items.toList())

    //关闭图像, 这将告诉CameraX将下一张图像提供给分析仪
    imageProxy.close()
}

/**
 * 将图像转换为位图
 */
private val yuvToRgbConverter = YuvToRgbConverter(ctx)
private lateinit var bitmapBuffer: Bitmap
private lateinit var rotationMatrix: Matrix
```

```
@SuppressLint("UnsafeExperimentalUsageError")
private fun toBitmap(imageProxy: ImageProxy): Bitmap? {

    val image = imageProxy.image ?: return null

    //初始化缓冲区
    if (!::bitmapBuffer.isInitialized) {
        //图像旋转和RGB图像缓冲区仅初始化一次
        Log.d(TAG, "Initalise toBitmap()")
        rotationMatrix = Matrix()
        rotationMatrix.postRotate(imageProxy.imageInfo.rotationDegrees.toFloat())
        bitmapBuffer = Bitmap.createBitmap(
            imageProxy.width, imageProxy.height, Bitmap.Config.ARGB_8888
        )
    }

    //将图像传递给图像分析器
    yuvToRgbConverter.yuvToRgb(image, bitmapBuffer)

    //以正确的方向创建位图
    return Bitmap.createBitmap(
        bitmapBuffer,
        0,
        0,
        bitmapBuffer.width,
        bitmapBuffer.height,
        rotationMatrix,
        false
    )
}
}
}
```

9.3.5 图像转换

编写文件 YuvToRgbConverter.kt，功能是将 YUV_420_888 格式的图片转换为 RGB 对象。YUV 即通过 Y、U 和 V 三个分量表示颜色空间，其中，Y 表示亮度，U 和 V 表示色度。不同于 RGB 中每个像素点都有独立的 R、G 和 B 三个颜色分量值，YUV 根据 U 和 V 采样数目的不同，分为 YUV444、YUV422 和 YUV420 等。而 YUV420 表示的就是每个像素点由一个独立的亮度表示，即 Y 分量；而色度，即 U 和 V 分量则由每 4 个像素点共享一个。举例来说，对于 4×4 的图片，在 YUV420 下，有 16 个 Y 值，4 个 U 值和 4 个 V 值。

YUV420 根据颜色数据的存储顺序不同，又分为多种不同的格式，如 YUV420Planar、YUV420PackedPlanar、YUV420SemiPlanar 和 YUV420PackedSemiPlanar，这些格式实际存储的信息是完全一致的。举例来说，对于 4×4 的图片，在 YUV420 下，任何格式都有 16 个 Y 值，4 个 U 值和 4 个 V 值，不同格式只是 Y、U 和 V 的排列顺序有变化。I420（YUV420Planar 的一种）为：

YYYYYYYYYYYYYYYYUUUUVVVV

NV21（YUV420SemiPlanar）则为：

YYYYYYYYYYYYYYYYVUVUVUVU

也就是说，YUV420 是一类格式的集合，YUV420 并不能完全确定颜色数据的存储顺序。

对于 YUV 来说，图片的宽和高是必不可少的，因为 YUV 本身只存储颜色信息，要想还原出图片，必须知道图片的长和宽。在 Android 中，使用 Image 保存图片有宽和高，这可以分别通过函数 getWidth() 和 getHeight() 得到。每个 Image 有自己的格式，这个格式由 ImageFormat 确定。对于 YUV420 来说，ImageFormat 在 API>=21 的 Android 系统中新加入了 YUV_420_888 类型，其表示 YUV420 格式的集合，888 表示 Y、U、V 分量中每个颜色占 8bit。既然只能指定 YUV420 这个格式集合，那怎么知道具体的格式呢？Y、U 和 V 三个分量的数据分别保存在三个 Plane 类中，可以通过 getPlanes() 得到。Plane 实际是对 ByteBuffer 的封装。Image 保证了 plane #0 一定是 Y，#1 一定是 U，#2 一定是 V。且对于 plane #0，Y 分量数据一定是连续存储的，中间不会有 U 或 V 数据穿插，也就是说，我们一定能够一次性得到所有 Y 分量的值。

文件 YuvToRgbConverter.kt 的具体实现流程如下：

```kotlin
class YuvToRgbConverter(context: Context) {
    private val rs = RenderScript.create(context)
    private val scriptYuvToRgb = ScriptIntrinsicYuvToRGB.create(rs, Element.U8_4(rs))

    private var pixelCount: Int = -1
    private lateinit var yuvBuffer: ByteBuffer
    private lateinit var inputAllocation: Allocation
    private lateinit var outputAllocation: Allocation

    @Synchronized
    fun yuvToRgb(image: Image, output: Bitmap) {

        //确保在已分配的输出缓冲区范围内进行处理
        if (!::yuvBuffer.isInitialized) {
            pixelCount = image.cropRect.width() * image.cropRect.height()
            //每个像素位是整个图像的平均值，因此计算完整缓冲区的大小是非常有用的
            //但不应用于确定像素偏移
            val pixelSizeBits = ImageFormat.getBitsPerPixel(ImageFormat.YUV_420_888)
            yuvBuffer = ByteBuffer.allocateDirect(pixelCount * pixelSizeBits / 8)
        }

        //回退缓冲区，不需要清除它，因为它将被填充
        yuvBuffer.rewind()

        //使用NV21格式获取字节数组形式的YUV数据
        imageToByteBuffer(image, yuvBuffer.array())
```

```
//确保已分配RenderScript输入和输出
if (!::inputAllocation.isInitialized) {
    //显式创建一个NV21类型的元素，因为这是我们使用的像素格式
    val elemType = Type.Builder(rs, Element.YUV(rs)).setYuvFormat(ImageFormat.
NV21).create()
    inputAllocation = Allocation.createSized(rs, elemType.element, yuvBuffer.
array().size)
}
if (!::outputAllocation.isInitialized) {
    outputAllocation = Allocation.createFromBitmap(rs, output)
}

//将NV21格式的YUV转换为RGB
inputAllocation.copyFrom(yuvBuffer.array())
scriptYuvToRgb.setInput(inputAllocation)
scriptYuvToRgb.forEach(outputAllocation)
outputAllocation.copyTo(output)
}

private fun imageToByteBuffer(image: Image, outputBuffer: ByteArray) {
    if (BuildConfig.DEBUG && image.format != ImageFormat.YUV_420_888) {
        error("Assertion failed")
    }

    val imageCrop = image.cropRect
    val imagePlanes = image.planes

    imagePlanes.forEachIndexed { planeIndex, plane ->
        //输入时需要为每个输出值设置读取多少个值，仅Y平面为每个像素设置一个值
        //U和V的分辨率为一半，即：
        //Y Plane              U Plane     V Plane
        // ===============      =======     =======
        // Y Y Y Y Y Y Y Y     U U U U     V V V V
        // Y Y Y Y Y Y Y Y     U U U U     V V V V
        // Y Y Y Y Y Y Y Y     U U U U     V V V V
        // Y Y Y Y Y Y Y Y     U U U U     V V V V
        // Y Y Y Y Y Y Y Y
        // Y Y Y Y Y Y Y Y
        // Y Y Y Y Y Y Y Y
        val outputStride: Int

        //写入输出缓冲区中的索引的下一个值，对于Y来说它是零
        //对于U和V来说，从Y的末尾开始并交叉处理
        // First chunk          Second chunk
        // ===============      ===============
        // Y Y Y Y Y Y Y Y      V U V U V U V U
        // Y Y Y Y Y Y Y Y      V U V U V U V U
```

```
// Y Y Y Y Y Y Y Y    V U V U V U V U
// Y Y Y Y Y Y Y Y    V U V U V U V U
// Y Y Y Y Y Y Y Y
// Y Y Y Y Y Y Y Y
// Y Y Y Y Y Y Y Y
var outputOffset: Int

when (planeIndex) {
    0 -> {
        outputStride = 1
        outputOffset = 0
    }
    1 -> {
        outputStride = 2
        //对于NV21格式，U为奇数索引
        outputOffset = pixelCount + 1
    }
    2 -> {
        outputStride = 2
        //对于NV21格式，V是偶数索引
        outputOffset = pixelCount
    }
    else -> {
        //图像包含3个以上的平面
        return@forEachIndexed
    }
}

val planeBuffer = plane.buffer
val rowStride = plane.rowStride
val pixelStride = plane.pixelStride

//如果不是Y平面，必须将宽度和高度除以2
val planeCrop = if (planeIndex == 0) {
    imageCrop
} else {
    Rect(
        imageCrop.left / 2,
        imageCrop.top / 2,
        imageCrop.right / 2,
        imageCrop.bottom / 2
    )
}

val planeWidth = planeCrop.width()
val planeHeight = planeCrop.height()

//用于存储每行字节的中间缓冲区
```

```
        val rowBuffer = ByteArray(plane.rowStride)

        //每行的大小 (字节)
        val rowLength = if (pixelStride == 1 && outputStride == 1) {
            planeWidth
        } else {
            //步幅可以包括来自除该特定平面和行之外的像素的数据
            //该数据可以在像素之间, 而不是在每个像素之后
            // |---- Pixel stride ----|                    Row ends here --> |
            // | Pixel 1 | Other Data | Pixel 2 | Other Data | ... | Pixel N |

            //|----像素跨距--|行结束于此-->|

            //|像素1 |其他数据|像素2 |其他数据|······|像素N|
            //我们需要得到 (N-1) * (像素步幅字节) 每行+1字节的最后一个像素
            (planeWidth - 1) * pixelStride + 1
        }

        for (row in 0 until planeHeight) {
            //将缓冲区位置移到此行的开头
            planeBuffer.position(
                (row + planeCrop.top) * rowStride + planeCrop.left * pixelStride
            )

            if (pixelStride == 1 && outputStride == 1) {
                //当像素和输出有一个步长值时, 我们可以在一个步长中复制整行
                planeBuffer.get(outputBuffer, outputOffset, rowLength)
                outputOffset += rowLength
            } else {
                //当像素或输出的跨距大于1时, 我们必须逐像素复制
                planeBuffer.get(rowBuffer, 0, rowLength)
                for (col in 0 until planeWidth) {
                    outputBuffer[outputOffset] = rowBuffer[col * pixelStride]
                    outputOffset += outputStride
                }
            }
        }
    }
}
```

　　到此为止，整个项目工程全部开发完毕。单击 Android Studio 顶部的运行按钮运行本项目，在 Android 设备中将会显示执行效果。在屏幕上方会显示摄像头的拍摄界面，在下方显示摄像头视频的识别结果。执行效果如图 9-5 所示。

图 9-5　执行效果

9.3.6　使用 GPU 委托加速

TensorFlow Lite 支持多种硬件加速器，以加快移动设备上的推理速度。其中，GPU 是 TensorFlow Lite 可以通过委托机制利用的加速器之一，非常易于使用。在本项目模块下的 build.gradlestart 文件中，添加了如下所示的依赖：

```
implementation 'org.tensorflow:tensorflow-lite-gpu:2.3.0'
```

也可以在通过 Android Studio 导入 TensorFlow Lite 时，在"Import…"界面中选中"Auto add TensorFlow Lite…"复选框的方式完成同样的功能，这样即可启用 GPU 加速功能，如图 9-6 所示。

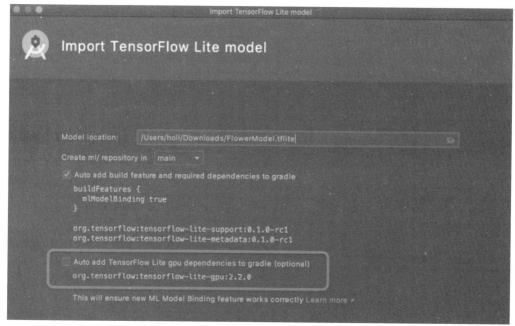

图 9-6 选中"Auto add TensorFlow Lite..."复选框启用 GPU 加速功能

the end; untack the deselected mirror modifier objects

er_ob_select=1
er_ob_select=1
t("Selected" + str(modifier_ob)) # modifier ob is the active ob
mirror_ob.select = 0
bpy.context.selected_objects[0]
data.objects[one.name].select = 1

print("please select exactly two objects, the last one gets th

--- OPERATOR CLASSES ----

第 10 章

情感文本
识别系统

　　经过本书前面内容的学习，已经了解了使用 TensorFlow Lite 识别图像的知识。在本章的内容中，将通过一个用户评论情感文本识别系统的实现过程，详细讲解使用 TensorFlow Lite 开发大型软件项目的过程，包括项目的架构分析、创建模型和具体实现等知识。

10.1   系统介绍

机器学习已成为移动开发中的重要工具，为现代移动应用程序提供了许多智能功能。在本项目中，将基于对某电影的评论信息数据集开发机器学习模型，该模型可以使用 TensorFlow 识别评论文本的情感类型，然后将这个模型转换为 TensorFlow Lite 模型，最后将转换后的模型部署到 Android 应用程序。在手机中可以接收用户输入的评价信息，然后实时识别用户输入文本的情感类型。本项目的具体结构如图 10-1 所示。

扫码观看本节视频讲解

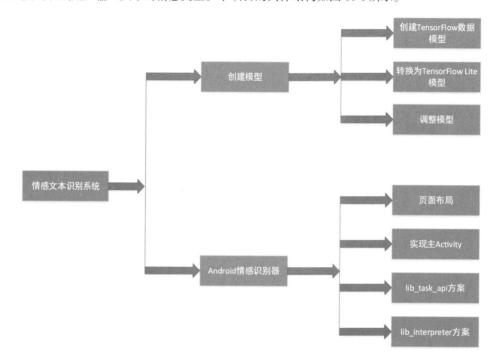

图 10-1   项目结构

10.2   创建模型

在创建文本情感识别系统之前，需要先创建识别模型。先使用 TensorFlow 创建普通的数据模型，然后转换为 TensorFlow Lite 数据模型。在本项目中，通过文件 mo.py 创建模型，接下来将详细讲解这个模型文件的具体实现过程。

扫码观看本节视频讲解

10.2.1　创建 TensorFlow 数据模型

（1）下载数据集样本训练数据，代码如下：

```
data_dir = tf.keras.utils.get_file(
    fname='SST-2.zip',
    origin='https://dl.fbaipublicfiles.com/glue/data/SST-2.zip',
    extract=True)
data_dir = os.path.join(os.path.dirname(data_dir), 'SST-2')
```

执行后输出：

```
Downloading data from https://dl.fbaipublicfiles.com/glue/data/SST-2.zip
7446528/7439277 [==============================] - 2s 0us/step
7454720/7439277 [==============================] - 2s 0us/step
```

在本实例中将使用 SST-2（斯坦福情绪树库）数据集，这是 GLUE 基准测试中的任务之一，包含 67349 条用于训练的电影评论和 872 条用于测试的电影评论。在该数据集中有两类信息：正面和负面的电影评论。

SST-2 数据集以 TSV 格式存储信息，TSV 和 CSV 之间的唯一区别是 TSV 使用制表符"\t"作为分隔符，而不是 CSV 文件格式中的逗号。例如，下面列出了训练数据集中的前 5 行，label=0 表示"negative"（否定）情绪，label=1 表示"positive"（肯定）情绪，如表 10-1 所示。

表 10-1　数据集样本训练数据

评论句子	标　签
hide new secretions from the parental units	0
contains no wit, only labored gags	0
that loves its characters and communicates something rather beautiful about human nature	1
remains utterly satisfied to remain the same throughout	0
on the worst revenge-of-the-nerds clichés the filmmakers could dredge up	0

（2）接下来，将数据集加载到 Pandas 数据框中，并将当前标签名称（0 和 1）更改为更易读的名称（negative 和 positive），并将它们用于模型训练。代码如下：

```
import pandas as pd

def replace_label(original_file, new_file):
    #将原始文件加载到pandas。我们需要将分隔符指定为"\t"，因为训练数据是以TSV格式存储的
    df = pd.read_csv(original_file, sep='\t')

    #定义要如何更改标签名称
    label_map = {0: 'negative', 1: 'positive'}

    #更改标签
    df.replace({'label': label_map}, inplace=True)

    #将更新的数据集写入新文件
```

```
df.to_csv(new_file)
```

```
# 替换训练和测试数据集的标签名称，然后将更新的CSV数据集写入当前文件夹
replace_label(os.path.join(os.path.join(data_dir, 'train.tsv')), 'train.csv')
replace_label(os.path.join(os.path.join(data_dir, 'dev.tsv')), 'dev.csv')
```

（3）选择文本分类模型的架构。

我们将使用平均词嵌入模型架构，这将生成一个小而快速的模型，并且具有不错的准确性。代码如下：

```
spec = model_spec.get('average_word_vec')
```

当然，Model Maker 还支持其他类型的模型架构，例如 BERT。

（4）训练和测试。

Model Maker 可以采用 CSV 格式的输入数据，接下来将使用可读的标签名称加载训练和测试数据集，每个模型架构都需要以特定方式处理输入数据，DataLoader 读取 model_spec 需求并自动执行必要的预处理功能。代码如下：

```
train_data = DataLoader.from_csv(
        filename='train.csv',
        text_column='sentence',
        label_column='label',
        model_spec=spec,
        is_training=True)
test_data = DataLoader.from_csv(
        filename='dev.csv',
        text_column='sentence',
        label_column='label',
        model_spec=spec,
        is_training=False)
```

执行后输出：

```
2021-08-12 12:42:10.766466: I tensorflow/stream_executor/cuda/cuda_gpu_executor.cc:937]
successful NUMA node read from SysFS had negative value (-1), but there must be at least one
NUMA node, so returning NUMA node zero
2021-08-12 12:42:10.774526: I tensorflow/stream_executor/cuda/cuda_gpu_executor.cc:937]
successful NUMA node read from SysFS had negative value (-1), but there must be at least one
NUMA node, so returning NUMA node zero
2021-08-12 12:42:10.775549: I tensorflow/stream_executor/cuda/cuda_gpu_executor.cc:937]
successful NUMA node read from SysFS had negative value (-1), but there must be at least one
NUMA node, so returning NUMA node zero
2021-08-12 12:42:10.778072: I tensorflow/core/platform/cpu_feature_guard.cc:142] This
TensorFlow binary is optimized with oneAPI Deep Neural Network Library (oneDNN) to use the
following CPU instructions in performance-critical operations:  AVX2 AVX512F FMA
To enable them in other operations, rebuild TensorFlow with the appropriate compiler flags.
2021-08-12 12:42:10.778716: I tensorflow/stream_executor/cuda/cuda_gpu_executor.cc:937]
successful NUMA node read from SysFS had negative value (-1), but there must be at least one
NUMA node, so returning NUMA node zero
```

```
    2021-08-12 12:42:10.779805: I tensorflow/stream_executor/cuda/cuda_gpu_executor.cc:937]
successful NUMA node read from SysFS had negative value (-1), but there must be at least one
NUMA node, so returning NUMA node zero
    2021-08-12 12:42:10.780786: I tensorflow/stream_executor/cuda/cuda_gpu_executor.cc:937]
successful NUMA node read from SysFS had negative value (-1), but there must be at least one
NUMA node, so returning NUMA node zero
    2021-08-12 12:42:11.372042: I tensorflow/stream_executor/cuda/cuda_gpu_executor.cc:937]
successful NUMA node read from SysFS had negative value (-1), but there must be at least one
NUMA node, so returning NUMA node zero
    2021-08-12 12:42:11.373107: I tensorflow/stream_executor/cuda/cuda_gpu_executor.cc:937]
successful NUMA node read from SysFS had negative value (-1), but there must be at least one
NUMA node, so returning NUMA node zero
    2021-08-12 12:42:11.374054: I tensorflow/stream_executor/cuda/cuda_gpu_executor.cc:937]
successful NUMA node read from SysFS had negative value (-1), but there must be at least one
NUMA node, so returning NUMA node zero
    2021-08-12 12:42:11.374939: I tensorflow/core/common_runtime/gpu/gpu_device.cc:1510]
Created device /job:localhost/replica:0/task:0/device:GPU:0 with 14648 MB memory:  -> device:
0, name: Tesla V100-SXM2-16GB, pci bus id: 0000:00:05.0, compute capability: 7.0
```

（5）使用训练数据训练 TensorFlow 模型。

在 batch_size 值等于 32 时默认情况下使用平均词嵌入模型，因此将看到遍历训练数据集中的 67349 个句子需要 2104 个步骤。我们将训练模型 10 个 epochs，这意味着需要遍历训练数据集 10 次。代码如下：

```
model = text_classifier.create(train_data, model_spec=spec, epochs=10)
```

执行后输出：

```
    2021-08-12 12:42:11.945865: I tensorflow/core/profiler/lib/profiler_session.cc:131] Profiler
session initializing.
    2021-08-12 12:42:11.945910: I tensorflow/core/profiler/lib/profiler_session.cc:146] Profiler
session started.
    2021-08-12 12:42:11.946007: I tensorflow/core/profiler/internal/gpu/cupti_tracer.cc:1614]
Profiler found 1 GPUs
    2021-08-12 12:42:12.177195: I tensorflow/core/profiler/lib/profiler_session.cc:164] Profiler
session tear down.
    2021-08-12 12:42:12.180022: I tensorflow/core/profiler/internal/gpu/cupti_tracer.cc:1748]
CUPTI activity buffer flushed
    2021-08-12 12:42:12.260396: I tensorflow/compiler/mlir/mlir_graph_optimization_pass.cc:185]
None of the MLIR Optimization Passes are enabled (registered 2)
    Epoch 1/10
       2/2104 [..............................] - ETA: 7:11 - loss: 0.6918 - accuracy: 0.5469
    2021-08-12 12:42:13.142844: I tensorflow/core/profiler/lib/profiler_session.cc:131] Profiler
session initializing.
    2021-08-12 12:42:13.142884: I tensorflow/core/profiler/lib/profiler_session.cc:146] Profiler
session started.
    2021-08-12 12:42:13.337209: I tensorflow/core/profiler/lib/profiler_session.cc:66] Profiler
session collecting data.
    2021-08-12 12:42:13.340075: I tensorflow/core/profiler/internal/gpu/cupti_tracer.cc:1748]
CUPTI activity buffer flushed
```

```
    58/2104 [.............................] - ETA: 15s - loss: 0.6902 - accuracy: 0.5436
    2021-08-12 12:42:13.369348: I tensorflow/core/profiler/internal/gpu/cupti_collector.cc:673]
GpuTracer has collected 155 callback api events and 152 activity events.
    2021-08-12 12:42:13.372838: I tensorflow/core/profiler/lib/profiler_session.cc:164] Profiler
session tear down.
    2021-08-12 12:42:13.378566: I tensorflow/core/profiler/rpc/client/save_profile.cc:136]
Creating directory: /tmp/tmp9i5p9rfi/summaries/train/plugins/profile/2021_08_12_12_42_13

    2021-08-12 12:42:13.382803: I tensorflow/core/profiler/rpc/client/save_profile.cc:142]
Dumped gzipped tool data for trace.json.gz to /tmp/tmp9i5p9rfi/summaries/train/plugins/
profile/2021_08_12_12_42_13/kokoro-gcp-ubuntu-prod-762150866.trace.json.gz
    2021-08-12 12:42:13.390407: I tensorflow/core/profiler/rpc/client/save_profile.cc:136]
Creating directory: /tmp/tmp9i5p9rfi/summaries/train/plugins/profile/2021_08_12_12_42_13

    2021-08-12 12:42:13.391576: I tensorflow/core/profiler/rpc/client/save_profile.cc:142]
Dumped gzipped tool data for memory_profile.json.gz to /tmp/tmp9i5p9rfi/summaries/train/plugins/
profile/2021_08_12_12_42_13/kokoro-gcp-ubuntu-prod-762150866.memory_profile.json.gz
    2021-08-12 12:42:13.391931: I tensorflow/core/profiler/rpc/client/capture_profile.cc:251]
Creating directory: /tmp/tmp9i5p9rfi/summaries/train/plugins/profile/2021_08_12_12_42_13
    Dumped tool data for xplane.pb to /tmp/tmp9i5p9rfi/summaries/train/plugins/profile/2021_
08_12_12_42_13/kokoro-gcp-ubuntu-prod-762150866.xplane.pb
    Dumped tool data for overview_page.pb to /tmp/tmp9i5p9rfi/summaries/train/plugins/profile/
2021_08_12_12_42_13/kokoro-gcp-ubuntu-prod-762150866.overview_page.pb
    Dumped tool data for input_pipeline.pb to /tmp/tmp9i5p9rfi/summaries/train/plugins/profile/
2021_08_12_12_42_13/kokoro-gcp-ubuntu-prod-762150866.input_pipeline.pb
    Dumped tool data for tensorflow_stats.pb to /tmp/tmp9i5p9rfi/summaries/train/plugins/profile/
2021_08_12_12_42_13/kokoro-gcp-ubuntu-prod-762150866.tensorflow_stats.pb
    Dumped tool data for kernel_stats.pb to /tmp/tmp9i5p9rfi/summaries/train/plugins/profile/
2021_08_12_12_42_13/kokoro-gcp-ubuntu-prod-762150866.kernel_stats.pb
    2104/2104 [==============================] - 7s 3ms/step - loss: 0.6791 - accuracy: 0.5674
Epoch 2/10
    2104/2104 [==============================] - 6s 3ms/step - loss: 0.5622 - accuracy: 0.7169
Epoch 3/10
    2104/2104 [==============================] - 6s 3ms/step - loss: 0.4407 - accuracy: 0.7983
Epoch 4/10
    2104/2104 [==============================] - 6s 3ms/step - loss: 0.3911 - accuracy: 0.8284
Epoch 5/10
    2104/2104 [==============================] - 6s 3ms/step - loss: 0.3655 - accuracy: 0.8427
Epoch 6/10
    2104/2104 [==============================] - 6s 3ms/step - loss: 0.3520 - accuracy: 0.8516
Epoch 7/10
    2104/2104 [==============================] - 6s 3ms/step - loss: 0.3398 - accuracy: 0.8584
Epoch 8/10
    2104/2104 [==============================] - 6s 3ms/step - loss: 0.3339 - accuracy: 0.8631
Epoch 9/10
    2104/2104 [==============================] - 6s 3ms/step - loss: 0.3276 - accuracy: 0.8649
Epoch 10/10
    2104/2104 [==============================] - 6s 3ms/step - loss: 0.3224 - accuracy: 0.8673
```

（6）使用测试数据评估模型。

在使用训练数据集中的句子训练文本分类模型后，将使用测试数据集中剩余的 872 个句子来评估模型，查看剩余数据的表现。因为默认批量大小为 32，所以遍历测试数据集中的 872 个句子需要 28 个步骤。代码如下：

```
loss, acc = model.evaluate(test_data)
```

执行后输出：

```
28/28 [==============================] - 0s 2ms/step - loss: 0.5172 - accuracy: 0.8337
```

10.2.2 将 Keras 模型转换为 TensorFlow Lite

经过前面的介绍，已经成功训练了文本情感识别系统的模型。在接下来的内容中，将这个模型转换为 TensorFlow Lite 格式以进行移动部署。

导出带有元数据的 TensorFlow Lite 模型，设置导出模型的文件夹。在默认情况下，使用 average word vec 架构导出浮点 TFLite 模型。代码如下：

```
model.export(export_dir='average_word_vec')
```

执行后输出：

```
021-08-12 12:43:10.533295: W tensorflow/python/util/util.cc:348] Sets are not currently consideredsequences, but this may change in the future, so consider avoiding using them.
2021-08-12 12:43:10.973483: I tensorflow/stream_executor/cuda/cuda_gpu_executor.cc:937] successful NUMA node read from SysFS had negative value (-1), but there must be at least one NUMA node, so returning NUMA node zero
2021-08-12 12:43:10.973851: I tensorflow/core/grappler/devices.cc:66] Number of eligible GPUs (core count >= 8, compute capability >= 0.0): 1
2021-08-12 12:43:10.973955: I tensorflow/core/grappler/clusters/single_machine.cc:357] Starting new session
2021-08-12 12:43:10.974556: I tensorflow/stream_executor/cuda/cuda_gpu_executor.cc:937] successful NUMA node read from SysFS had negative value (-1), but there must be at least one NUMA node, so returning NUMA node zero
2021-08-12 12:43:10.974968: I tensorflow/stream_executor/cuda/cuda_gpu_executor.cc:937] successful NUMA node read from SysFS had negative value (-1), but there must be at least one NUMA node, so returning NUMA node zero
2021-08-12 12:43:10.975261: I tensorflow/stream_executor/cuda/cuda_gpu_executor.cc:937] successful NUMA node read from SysFS had negative value (-1), but there must be at least one NUMA node, so returning NUMA node zero
2021-08-12 12:43:10.975641: I tensorflow/stream_executor/cuda/cuda_gpu_executor.cc:937] successful NUMA node read from SysFS had negative value (-1), but there must be at least one NUMA node, so returning NUMA node zero
2021-08-12 12:43:10.975996: I tensorflow/stream_executor/cuda/cuda_gpu_executor.cc:937] successful NUMA node read from SysFS had negative value (-1), but there must be at least one NUMA node, so returning NUMA node zero
2021-08-12 12:43:10.976253: I tensorflow/core/common_runtime/gpu/gpu_device.cc:1510]
```

```
Created device /job:localhost/replica:0/task:0/device:GPU:0 with 14648 MB memory:  -> device:
0, name: Tesla V100-SXM2-16GB, pci bus id: 0000:00:05.0, compute capability: 7.0
    2021-08-12 12:43:10.977511: I tensorflow/core/grappler/optimizers/meta_optimizer.cc:1137]
Optimization results for grappler item: graph_to_optimize
        function_optimizer: function_optimizer did nothing. time = 0.007ms.
        function_optimizer: function_optimizer did nothing. time = 0.001ms.

    2021-08-12 12:43:11.008758: W tensorflow/compiler/mlir/lite/python/tf_tfl_flatbuffer_
helpers.cc:351] Ignored output_format.
    2021-08-12 12:43:11.008802: W tensorflow/compiler/mlir/lite/python/tf_tfl_flatbuffer_
helpers.cc:354] Ignored drop_control_dependency.
    2021-08-12 12:43:11.012064: I tensorflow/compiler/mlir/tensorflow/utils/dump_mlir_util.
cc:210] disabling MLIR crash reproducer, set env var 'MLIR_CRASH_REPRODUCER_DIRECTORY' to enable.
    2021-08-12 12:43:11.027591: I tensorflow/compiler/mlir/lite/flatbuffer_export.cc:1899]
Estimated count of arithmetic ops: 722  ops, equivalently 361  MACs
```

注意，model.jsonTFLite 模型在同一个文件夹中有一个文件，里面包含捆绑在 TensorFlow Lite 模型中的元数据的 JSON 表示。模型元数据可以帮助 TFLite 任务库了解模型的作用以及如何为模型"预处理 / 后处理"数据。我们不需要下载 model.json 文件，因为它仅供参考，其内容已经包含在 TFLite 文件中。

上述模式可以集成到 Android, 或使用的 iOS 应用 ImageClassifier API 中的 TensorFlow 精简版任务库，允许的导出格式可以是以下之一。

- ExportFormat.TFLITE。
- ExportFormat.LABEL。
- ExportFormat.VOCAB。
- ExportFormat.SAVED_MODEL。

在默认情况下，它仅导出包含模型元数据的 TensorFlow Lite 模型文件。当然还可以选择导出与模型相关的其他文件，以便更好地检查。例如，仅导出标签文件和 vocab 文件的代码如下：

```
model.export(export_dir='mobilebert/', export_format=[ExportFormat.LABEL,
ExportFormat.VOCAB])
```

另外，还可以使用 evaluate_tflite 测量其准确性的方法来评估 TFLite 模型。将训练好的 TensorFlow 模型转换为 TFLite 格式并应用量化会影响其准确性，因此建议在部署前评估 TFLite 模型的准确性，代码如下：

```
accuracy = model.evaluate_tflite('mobilebert/model.tflite', test_data)
print('TFLite model accuracy: ', accuracy)
```

执行后输出：

```
TFLite model accuracy:  {'accuracy': 0.911697247706422}
```

10.2.3 调整模型

在创建模型后我们可以修改模型。

1. 自定义平均词嵌入模型的超参数

我们可以使用较大的值来训练模型 wordvec_dim，如果基于 model_spec 修改模型，则必须构建一个新的 model_spec 实例：

```
new_model_spec = AverageWordVecSpec(wordvec_dim=32)
```

然后通过如下代码获取预处理数据：

```
new_train_data = DataLoader.from_csv(
    filename='train.csv',
    text_column='sentence',
    label_column='label',
    model_spec=new_model_spec,
    is_training=True)
```

接着重新训练模型：

```
model = text_classifier.create(new_train_data, model_spec=new_model_spec)
```

执行后输出：

```
   2021-08-12 13:04:08.907763: I tensorflow/core/profiler/lib/profiler_session.cc:131] Profiler
session initializing.
   2021-08-12 13:04:08.907807: I tensorflow/core/profiler/lib/profiler_session.cc:146] Profiler
session started.
   2021-08-12 13:04:09.074585: I tensorflow/core/profiler/lib/profiler_session.cc:164] Profiler
session tear down.
   2021-08-12 13:04:09.086334: I tensorflow/core/profiler/internal/gpu/cupti_tracer.cc:1748]
CUPTI activity buffer flushed
   Epoch 1/3
      2/2104 [..............................] - ETA: 5:58 - loss: 0.6948 - accuracy: 0.4688
   2021-08-12 13:04:09.720736: I tensorflow/core/profiler/lib/profiler_session.cc:131] Profiler
session initializing.
   2021-08-12 13:04:09.720777: I tensorflow/core/profiler/lib/profiler_session.cc:146] Profiler
session started.
      21/2104 [..............................] - ETA: 2:30 - loss: 0.6940 - accuracy: 0.4702
   2021-08-12 13:04:10.973207: I tensorflow/core/profiler/lib/profiler_session.cc:66] Profiler
session collecting data.
   2021-08-12 13:04:10.980573: I tensorflow/core/profiler/internal/gpu/cupti_tracer.cc:1748]
CUPTI activity buffer flushed
   2021-08-12 13:04:11.045547: I tensorflow/core/profiler/internal/gpu/cupti_collector.cc:673]
GpuTracer has collected 155 callback api events and 152 activity events.
   2021-08-12 13:04:11.052796: I tensorflow/core/profiler/lib/profiler_session.cc:164] Profiler
session tear down.
   2021-08-12 13:04:11.063746: I tensorflow/core/profiler/rpc/client/save_profile.cc:136] Creating
directory: /tmp/tmphsi7rhs4/summaries/train/plugins/profile/2021_08_12_13_04_11

   2021-08-12 13:04:11.068200: I tensorflow/core/profiler/rpc/client/save_profile.cc:142]
Dumped gzipped tool data for trace.json.gz to /tmp/tmphsi7rhs4/summaries/train/plugins/profile/
```

2021_08_12_13_04_11/kokoro-gcp-ubuntu-prod-762150866.trace.json.gz
    2021-08-12 13:04:11.084769: I tensorflow/core/profiler/rpc/client/save_profile.cc:136]
Creating directory: /tmp/tmphsi7rhs4/summaries/train/plugins/profile/2021_08_12_13_04_11

    2021-08-12 13:04:11.087101: I tensorflow/core/profiler/rpc/client/save_profile.cc:142]
Dumped gzipped tool data for memory_profile.json.gz to /tmp/tmphsi7rhs4/summaries/train/
plugins/profile/2021_08_12_13_04_11/kokoro-gcp-ubuntu-prod-762150866.memory_profile.json.gz
    2021-08-12 13:04:11.087939: I tensorflow/core/profiler/rpc/client/capture_profile.cc:251]
Creating directory: /tmp/tmphsi7rhs4/summaries/train/plugins/profile/2021_08_12_13_04_11
    Dumped tool data for xplane.pb to /tmp/tmphsi7rhs4/summaries/train/plugins/profile/2021_08
_12_13_04_11/kokoro-gcp-ubuntu-prod-762150866.xplane.pb
    Dumped tool data for overview_page.pb to /tmp/tmphsi7rhs4/summaries/train/plugins/profile/
2021_08_12_13_04_11/kokoro-gcp-ubuntu-prod-762150866.overview_page.pb
    Dumped tool data for input_pipeline.pb to /tmp/tmphsi7rhs4/summaries/train/plugins/profile/
2021_08_12_13_04_11/kokoro-gcp-ubuntu-prod-762150866.input_pipeline.pb
    Dumped tool data for tensorflow_stats.pb to /tmp/tmphsi7rhs4/summaries/train/plugins/profile/
2021_08_12_13_04_11/kokoro-gcp-ubuntu-prod-762150866.tensorflow_stats.pb
    Dumped tool data for kernel_stats.pb to /tmp/tmphsi7rhs4/summaries/train/plugins/profile/
2021_08_12_13_04_11/kokoro-gcp-ubuntu-prod-762150866.kernel_stats.pb
    2104/2104 [==============================] - 8s 4ms/step - loss: 0.6526 - accuracy: 0.6062
    Epoch 2/3
    2104/2104 [==============================] - 6s 3ms/step - loss: 0.4705 - accuracy: 0.7775
    Epoch 3/3
    2104/2104 [==============================] - 6s 3ms/step - loss: 0.3944 - accuracy: 0.8228

2. 调整训练超参数

可以通过调整训练的超参数 epochs 和 batch_size 来影响模型的准确性。

- epochs：更多的epochs可以获得更好的准确率，但可能会导致过拟合。
- batch_size：在一个训练步骤中使用的样本数。

例如，可以训练更多的 epochs：

```
model = text_classifier.create(new_train_data, model_spec=new_model_spec, epochs=20)
```

执行后输出：

    2021-08-12 13:04:29.741606: I tensorflow/core/profiler/lib/profiler_session.cc:131] Profiler
session initializing.
    2021-08-12 13:04:29.741645: I tensorflow/core/profiler/lib/profiler_session.cc:146] Profiler
session started.
    2021-08-12 13:04:29.923763: I tensorflow/core/profiler/lib/profiler_session.cc:164] Profiler
session tear down.
    2021-08-12 13:04:29.937026: I tensorflow/core/profiler/internal/gpu/cupti_tracer.cc:1748]
CUPTI activity buffer flushed
    Epoch 1/20
        2/2104 [..............................] - ETA: 6:22 - loss: 0.6923 - accuracy: 0.5781
    2021-08-12 13:04:30.617172: I tensorflow/core/profiler/lib/profiler_session.cc:131] Profiler
session initializing.
    2021-08-12 13:04:30.617216: I tensorflow/core/profiler/lib/profiler_session.cc:146] Profiler

session started.
    2021-08-12 13:04:30.818046: I tensorflow/core/profiler/lib/profiler_session.cc:66] Profiler
session collecting data.
    21/2104 [.............................] - ETA: 40s - loss: 0.6939 - accuracy: 0.4866
    2021-08-12 13:04:30.819829: I tensorflow/core/profiler/internal/gpu/cupti_tracer.cc:1748]
CUPTI activity buffer flushed
    2021-08-12 13:04:30.896524: I tensorflow/core/profiler/internal/gpu/cupti_collector.cc:673]
GpuTracer has collected 155 callback api events and 152 activity events.
    2021-08-12 13:04:30.902312: I tensorflow/core/profiler/lib/profiler_session.cc:164] Profiler
session tear down.
    2021-08-12 13:04:30.911299: I tensorflow/core/profiler/rpc/client/save_profile.cc:136]
Creating directory: /tmp/tmphsi7rhs4/summaries/train/plugins/profile/2021_08_12_13_04_30

    2021-08-12 13:04:30.915427: I tensorflow/core/profiler/rpc/client/save_profile.cc:142]
Dumped gzipped tool data for trace.json.gz to /tmp/tmphsi7rhs4/summaries/train/plugins/
profile/2021_08_12_13_04_30/kokoro-gcp-ubuntu-prod-762150866.trace.json.gz
    2021-08-12 13:04:30.928110: I tensorflow/core/profiler/rpc/client/save_profile.cc:136]
Creating directory: /tmp/tmphsi7rhs4/summaries/train/plugins/profile/2021_08_12_13_04_30

    2021-08-12 13:04:30.929821: I tensorflow/core/profiler/rpc/client/save_profile.cc:142]
Dumped gzipped tool data for memory_profile.json.gz to /tmp/tmphsi7rhs4/summaries/train/
plugins/profile/2021_08_12_13_04_30/kokoro-gcp-ubuntu-prod-762150866.memory_profile.json.gz
    2021-08-12 13:04:30.930444: I tensorflow/core/profiler/rpc/client/capture_profile.cc:251]
Creating directory: /tmp/tmphsi7rhs4/summaries/train/plugins/profile/2021_08_12_13_04_30
    Dumped tool data for xplane.pb to /tmp/tmphsi7rhs4/summaries/train/plugins/profile/2021_08
_12_13_04_30/kokoro-gcp-ubuntu-prod-762150866.xplane.pb
    Dumped tool data for overview_page.pb to /tmp/tmphsi7rhs4/summaries/train/plugins/profile/
2021_08_12_13_04_30/kokoro-gcp-ubuntu-prod-762150866.overview_page.pb
    Dumped tool data for input_pipeline.pb to /tmp/tmphsi7rhs4/summaries/train/plugins/profile/
2021_08_12_13_04_30/kokoro-gcp-ubuntu-prod-762150866.input_pipeline.pb
    Dumped tool data for tensorflow_stats.pb to /tmp/tmphsi7rhs4/summaries/train/plugins/profile/
2021_08_12_13_04_30/kokoro-gcp-ubuntu-prod-762150866.tensorflow_stats.pb
    Dumped tool data for kernel_stats.pb to /tmp/tmphsi7rhs4/summaries/train/plugins/profile/
2021_08_12_13_04_30/kokoro-gcp-ubuntu-prod-762150866.kernel_stats.pb
    2104/2104 [==============================] - 7s 3ms/step - loss: 0.6602 - accuracy: 0.5985
    Epoch 2/20
    2104/2104 [==============================] - 6s 3ms/step - loss: 0.4865 - accuracy: 0.7690
    Epoch 3/20
    2104/2104 [==============================] - 6s 3ms/step - loss: 0.4005 - accuracy: 0.8199
    Epoch 4/20
    2104/2104 [==============================] - 7s 3ms/step - loss: 0.3676 - accuracy: 0.8400
    Epoch 5/20
    2104/2104 [==============================] - 7s 3ms/step - loss: 0.3498 - accuracy: 0.8512
    Epoch 6/20
    2104/2104 [==============================] - 6s 3ms/step - loss: 0.3380 - accuracy: 0.8567
    Epoch 7/20
    2104/2104 [==============================] - 6s 3ms/step - loss: 0.3280 - accuracy: 0.8624
    Epoch 8/20
    2104/2104 [==============================] - 6s 3ms/step - loss: 0.3215 - accuracy: 0.8664

```
Epoch 9/20
2104/2104 [==============================] - 6s 3ms/step - loss: 0.3164 - accuracy: 0.8691
Epoch 10/20
2104/2104 [==============================] - 6s 3ms/step - loss: 0.3105 - accuracy: 0.8699
Epoch 11/20
2104/2104 [==============================] - 6s 3ms/step - loss: 0.3072 - accuracy: 0.8733
Epoch 12/20
2104/2104 [==============================] - 6s 3ms/step - loss: 0.3045 - accuracy: 0.8739
Epoch 13/20
2104/2104 [==============================] - 6s 3ms/step - loss: 0.3028 - accuracy: 0.8742
Epoch 14/20
2104/2104 [==============================] - 7s 3ms/step - loss: 0.2993 - accuracy: 0.8773
Epoch 15/20
2104/2104 [==============================] - 6s 3ms/step - loss: 0.2973 - accuracy: 0.8779
Epoch 16/20
2104/2104 [==============================] - 6s 3ms/step - loss: 0.2957 - accuracy: 0.8791
Epoch 17/20
2104/2104 [==============================] - 6s 3ms/step - loss: 0.2940 - accuracy: 0.8802
Epoch 18/20
2104/2104 [==============================] - 7s 3ms/step - loss: 0.2919 - accuracy: 0.8807
Epoch 19/20
2104/2104 [==============================] - 6s 3ms/step - loss: 0.2904 - accuracy: 0.8815
Epoch 20/20
2104/2104 [==============================] - 6s 3ms/step - loss: 0.2895 - accuracy: 0.8825
```

然后使用 20 个 epochs 评估重新训练的模型：

```
new_test_data = DataLoader.from_csv(
        filename='dev.csv',
        text_column='sentence',
        label_column='label',
        model_spec=new_model_spec,
        is_training=False)

loss, accuracy = model.evaluate(new_test_data)
```

执行后输出：

```
28/28 [==============================] - 0s 2ms/step - loss: 0.4997 - accuracy: 0.8349
```

10.3 Android 情感识别器

在使用 TensorFlow 定义和训练机器学习模型，并将训练好的 TensorFlow 模型转换为 TensorFlow Lite 模型后，接下来将使用这个模型开发一个 Android 情感文本识别系统。本项目提供了两种情感分析解决方案。

- lib_task_api：利用TensorFlow Lite 任务库中的开箱即用API。
- lib_interpreter：使用TensorFlow Lite Interpreter Java API创建自定义推断管道。

扫码观看本节视频讲解

在本项目的内部 app 文件 build.gradle 中，设置了使用上述第一种方案的方法。

10.3.1　准备工作

（1）使用 Android Studio 导入本项目源码工程 text_classification，如图 10-2 所示。

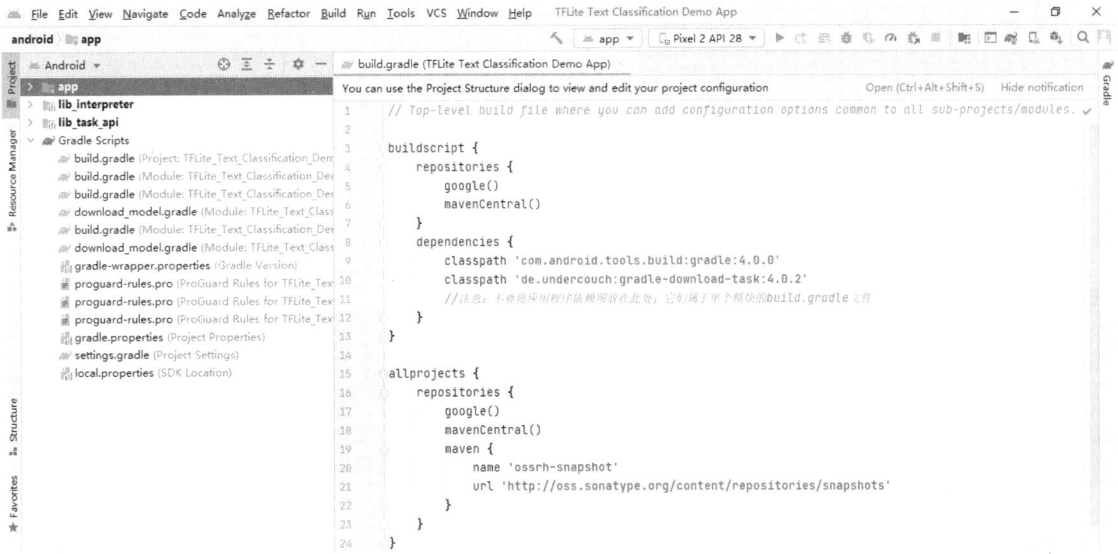

图 10-2　导入工程

（2）将 TensorFlow Lite 模型添加到工程。

将之前训练的 TensorFlow Lite 模型文件 text_classification.tflite 复制到 Android 工程下面的目录中：

```
text_classification/android/lib_task_api/src/main/assets
```

（3）更新 build.gradle。

打开 app 模块中的文件 build.gradle，分别设置 Android 的编译版本和运行版本，设置需要使用的库文件，添加对 TensorFlow Lite 模型库的引用。代码如下：

```
android {
    compileSdkVersion 28
    buildToolsVersion "29.0.0"
    defaultConfig {
        applicationId "org.tensorflow.lite.examples.textclassification"
        minSdkVersion 21
        targetSdkVersion 28
        versionCode 1
        versionName "1.0"
        testInstrumentationRunner "android.support.test.runner.AndroidJUnitRunner"
```

```
            }
        buildTypes {
            release {
                minifyEnabled false
                proguardFiles getDefaultProguardFile('proguard-android-optimize.txt'),
'proguard-rules.pro'
            }
        }
        compileOptions {
            sourceCompatibility = '1.8'
            targetCompatibility = '1.8'
        }
        aaptOptions {
            noCompress "tflite"
        }
        testOptions {
            unitTests {
                includeAndroidResources = true
            }
        }

        flavorDimensions "tfliteInference"
        productFlavors {
            //使用TFLite Java解释器构建TFLite推断
            interpreter {
                dimension "tfliteInference"
            }
            // 默认: 使用TFLite任务库 (高级API) 构建TFLite推断
            taskApi {
                getIsDefault().set(true)
                dimension "tfliteInference"
            }
        }
    }

dependencies {
    interpreterImplementation project(":lib_interpreter")
    taskApiImplementation project(":lib_task_api")
    implementation 'androidx.appcompat:appcompat:1.1.0'
    implementation 'androidx.constraintlayout:constraintlayout:1.1.3'
    implementation 'org.jetbrains:annotations:15.0'

    testImplementation 'androidx.test:core:1.2.0'
    testImplementation 'junit:junit:4.12'
    testImplementation 'org.robolectric:robolectric:4.3'
    androidTestImplementation 'com.android.support.test:runner:1.0.2'
    androidTestImplementation 'com.android.support.test.espresso:espresso-core:3.0.2'
}
```

```
project(':app').tasks.withType(Test) {
    enabled = false
}
```

通过上述代码，设置本项目使用 lib_task_api 模块中的分类功能。

10.3.2 页面布局

本项目的页面布局文件是 tfe_tc_activity_main.xml，功能是在 Android 屏幕下方分别显示一个文本输入框和一个"识别"按钮，在屏幕上方显示情感分析的识别结果。文件 activity_main.xml 的具体实现代码如下：

```xml
<?xml version="1.0" encoding="utf-8"?>
<androidx.constraintlayout.widget.ConstraintLayout
    xmlns:android="http://schemas.android.com/apk/res/android"
    xmlns:app="http://schemas.android.com/apk/res-auto"
    xmlns:tools="http://schemas.android.com/tools"
    android:layout_width="match_parent"
    android:layout_height="match_parent"
    android:layout_margin="@dimen/tfe_tc_activity_margin"
    tools:context=".MainActivity">

    <ScrollView
        android:id="@+id/scroll_view"
        android:layout_width="match_parent"
        android:layout_height="0dp"
        app:layout_constraintTop_toTopOf="parent"
        app:layout_constraintBottom_toTopOf="@+id/input_text">

        <TextView
            android:id="@+id/result_text_view"
            android:layout_width="match_parent"
            android:layout_height="wrap_content" />
    </ScrollView>

    <EditText
        android:id="@+id/input_text"
        android:layout_width="0dp"
        android:layout_height="wrap_content"
        android:hint="@string/tfe_tc_edit_text_hint"
        android:inputType="textNoSuggestions"
        app:layout_constraintBaseline_toBaselineOf="@+id/button"
        app:layout_constraintEnd_toStartOf="@+id/button"
        app:layout_constraintStart_toStartOf="parent"
        app:layout_constraintBottom_toBottomOf="parent" />

    <Button
```

```
        android:id="@+id/button"
        android:layout_width="wrap_content"
        android:layout_height="wrap_content"
        android:text="@string/tfe_tc_button_ok"
        app:layout_constraintBottom_toBottomOf="parent"
        app:layout_constraintEnd_toEndOf="parent"
        app:layout_constraintStart_toEndOf="@+id/input_text"
        />

</androidx.constraintlayout.widget.ConstraintLayout>
```

10.3.3　实现主 Activity

本项目的主 Activity 功能是由文件 MainActivity.java 实现的，功能是调用前面的布局文件 tfe_tc_activity_main.xml，在屏幕下方分别显示一个文本输入框和一个"识别"按钮，然后监听用户的输入信息，当用户单击"识别"按钮时会调用识别程序实现情感识别。文件 MainActivity.java 的具体实现代码如下：

```java
/**提供与用户交互的Activity */
public class MainActivity extends AppCompatActivity {
  private static final String TAG = "TextClassificationDemo";

  private TextClassificationClient client;

  private TextView resultTextView;
  private EditText inputEditText;
  private Handler handler;
  private ScrollView scrollView;

  @Override
  protected void onCreate(Bundle savedInstanceState) {
    super.onCreate(savedInstanceState);
    setContentView(R.layout.tfe_tc_activity_main);
    Log.v(TAG, "onCreate");

    client = new TextClassificationClient(getApplicationContext());
    handler = new Handler();
    Button classifyButton = findViewById(R.id.button);
    classifyButton.setOnClickListener(
        (View v) -> {
          classify(inputEditText.getText().toString());
        });
    resultTextView = findViewById(R.id.result_text_view);
    inputEditText = findViewById(R.id.input_text);
    scrollView = findViewById(R.id.scroll_view);
  }
```

```
@Override
protected void onStart() {
  super.onStart();
  Log.v(TAG, "onStart");
  handler.post(
      () -> {
        client.load();
      });
}

@Override
protected void onStop() {
  super.onStop();
  Log.v(TAG, "onStop");
  handler.post(
      () -> {
        client.unload();
      });
}

/** 将输入文本发送到TextClassificationClient并获取分类消息 */
private void classify(final String text) {
  handler.post(
      () -> {
        //使用TFLite运行文本分类
        List<Result> results = client.classify(text);

        //在屏幕上显示分类结果
        showResult(text, results);
      });
}

/**在屏幕上显示分类结果 */
private void showResult(final String inputText, final List<Result> results) {
  //在UI线程上运行，将更新应用程序的UI界面
  runOnUiThread(
      () -> {
        String textToShow = "输入: " + inputText + "\n识别结果:\n";
        for (int i = 0; i < results.size(); i++) {
          Result result = results.get(i);
          textToShow += String.format(" %s: %s\n", result.getTitle(), result.
getConfidence());
        }
        textToShow += "---------\n";

        //将结果附加到UI
        resultTextView.append(textToShow);

        //清除输入文本
```

```
        inputEditText.getText().clear();

        //滚动到底部以显示最新条目的分类结果
        scrollView.post(() -> scrollView.fullScroll(View.FOCUS_DOWN));
      });
    }
  }
```

10.3.4 lib_task_api 方案

本项目默认使用 TensorFlow Lite 任务库中的开箱即用 API 实现情感文本识别功能，主要由如下两个文件组成。

（1）文件 TextClassificationClient.java：加载前面创建的 TFLite 数据模型，然后使用任务 API 实现文本识别。代码如下：

```
/**加载TFLite模型并使用任务API识别 */
public class TextClassificationClient {
  private static final String TAG = "TaskApi";
  private static final String MODEL_PATH = "text_classification.tflite";

  private final Context context;

  NLClassifier classifier;

  public TextClassificationClient(Context context) {
    this.context = context;
  }

  public void load() {
    try {
      classifier = NLClassifier.createFromFile(context, MODEL_PATH);
    } catch (IOException e) {
      Log.e(TAG, e.getMessage());
    }
  }

  public void unload() {
    classifier.close();
    classifier = null;
  }

  public List<Result> classify(String text) {
    List<Category> apiResults = classifier.classify(text);
    List<Result> results = new ArrayList<>(apiResults.size());
    for (int i = 0; i < apiResults.size(); i++) {
      Category category = apiResults.get(i);
```

```
      results.add(new Result("" + i, category.getLabel(), category.getScore()));
    }
    Collections.sort(results);
    return results;
  }
}
```

（2）文件 Result.java：根据用户的输入返回情感分析的识别结果。代码如下：

```
/** TextClassifier用于返回描述分类内容的结果 */
public class Result implements Comparable<Result> {
  /**
   * 已分类内容的唯一标识符。特定于类，而不是对象的实例
   */
  private final String id;

  /** 显示结果的名称 */
  private final String title;

  /** 识别结果相对于其他结果有多个可排序的成绩，成绩越高越好 */
  private final Float confidence;

  public Result(final String id, final String title, final Float confidence) {
    this.id = id;
    this.title = title;
    this.confidence = confidence;
  }

  public String getId() {
    return id;
  }

  public String getTitle() {
    return title;
  }

  public Float getConfidence() {
    return confidence;
  }

  @Override
  public String toString() {
    String resultString = "";
    if (id != null) {
      resultString += "[" + id + "] ";
    }

    if (title != null) {
      resultString += title + " ";
```

```
    }

    if (confidence != null) {
      resultString += String.format("(%.1f%%) ", confidence * 100.0f);
    }

    return resultString.trim();
  }

  @Override
  public int compareTo(Result o) {
    return o.confidence.compareTo(confidence);
  }
}
```

10.3.5   lib_interpreter 方案

本项目还可以使用 lib_interpreter 方案实现情感分析识别功能，本方案使用 TensorFlow Lite 中的
Interpreter Java API 创建自定义识别函数，主要由以下两个文件组成。

（1）文件 TextClassificationClient.java：功能是加载前面创建的 TFLite 数据模型，然后使用
TensorFlow Lite Interpreter 创建自定义函数实现推断识别功能。代码如下：

```
public class TextClassificationClient {
  private static final String TAG = "Interpreter";

  private static final int SENTENCE_LEN = 256; //设置输入句子的最大长度
  //用于拆分单词的简单分隔符
  private static final String SIMPLE_SPACE_OR_PUNCTUATION = " |\\,|\\.|\\!|\\?|\n";
  private static final String MODEL_PATH = "text_classification.tflite";
  /*
   * ImdbDataSet dic中的保留值:
   * dic["<PAD>"] = 0      用于填充
   * dic["<START>"] = 1     一个句子开头的1个标记
   * dic["<UNKNOWN>"] = 2  2个未知单词标记 (OOV)
   */
  private static final String START = "<START>";
  private static final String PAD = "<PAD>";
  private static final String UNKNOWN = "<UNKNOWN>";

  /**设置将在UI中显示的结果数 */
  private static final int MAX_RESULTS = 3;

  private final Context context;
  private final Map<String, Integer> dic = new HashMap<>();
  private final List<String> labels = new ArrayList<>();
  private Interpreter tflite;
```

```java
public TextClassificationClient(Context context) {
  this.context = context;
}

/**加载TFLite模型和字典，以便客户端可以对文本进行分类 */
public void load() {
  loadModel();
}

/**加载TFLite模型*/
private synchronized void loadModel() {
  try {
    //加载TFLite模型
    ByteBuffer buffer = loadModelFile(this.context.getAssets(), MODEL_PATH);
    tflite = new Interpreter(buffer);
    Log.v(TAG, "TFLite model loaded.");

    //使用元数据提取器提取字典和标签文件
    MetadataExtractor metadataExtractor = new MetadataExtractor(buffer);

    //提取并加载字典文件
    InputStream dictionaryFile = metadataExtractor.getAssociatedFile("vocab.txt");
    loadDictionaryFile(dictionaryFile);
    Log.v(TAG, "Dictionary loaded.");

    //提取并加载标签文件
    InputStream labelFile = metadataExtractor.getAssociatedFile("labels.txt");
    loadLabelFile(labelFile);
    Log.v(TAG, "Labels loaded.");

  } catch (IOException ex) {
    Log.e(TAG, "Error loading TF Lite model.\n", ex);
  }
}

/**释放资源，因为不再需要客户端 */
public synchronized void unload() {
  tflite.close();
  dic.clear();
  labels.clear();
}

/**对输入字符串进行分类并返回分类结果 */
public synchronized List<Result> classify(String text) {
  // Pre-prosessing.
  int[][] input = tokenizeInputText(text);

  //运行推断
```

```
        Log.v(TAG, "Classifying text with TF Lite...");
        float[][] output = new float[1][labels.size()];
        tflite.run(input, output);

        //找到最好的分类
        PriorityQueue<Result> pq =
            new PriorityQueue<>(
                MAX_RESULTS, (lhs, rhs) -> Float.compare(rhs.getConfidence(), lhs.getConfidence()));
        for (int i = 0; i < labels.size(); i++) {
            pq.add(new Result("" + i, labels.get(i), output[0][i]));
        }
        final ArrayList<Result> results = new ArrayList<>();
        while (!pq.isEmpty()) {
            results.add(pq.poll());
        }

        Collections.sort(results);
        //返回每个类的概率
        return results;
    }

    /** 从assets目录加载TFLite模型 */
    private static MappedByteBuffer loadModelFile(AssetManager assetManager, String
modelPath)
        throws IOException {
        try (AssetFileDescriptor fileDescriptor = assetManager.openFd(modelPath);
          FileInputStream inputStream = new FileInputStream(fileDescriptor.getFileDescriptor())) {
            FileChannel fileChannel = inputStream.getChannel();
            long startOffset = fileDescriptor.getStartOffset();
            long declaredLength = fileDescriptor.getDeclaredLength();
            return fileChannel.map(FileChannel.MapMode.READ_ONLY, startOffset, declaredLength);
        }
    }

    /** 从模型文件加载字典 */
    private void loadLabelFile(InputStream ins) throws IOException {
        BufferedReader reader = new BufferedReader(new InputStreamReader(ins));
        //标签文件中的每一行都是一个标签
        while (reader.ready()) {
            labels.add(reader.readLine());
        }
    }

    /** 从模型文件加载标签 */
    private void loadDictionaryFile(InputStream ins) throws IOException {
        BufferedReader reader = new BufferedReader(new InputStreamReader(ins));
        //字典中的每一行有两列
        //第一列是一个单词，第二列是这个单词的索引
        while (reader.ready()) {
```

```java
    List<String> line = Arrays.asList(reader.readLine().split(" "));
    if (line.size() < 2) {
      continue;
    }
    dic.put(line.get(0), Integer.parseInt(line.get(1)));
  }
}

/**预处理：标记输入字并将其映射到浮点数组中 */
int[][] tokenizeInputText(String text) {
  int[] tmp = new int[SENTENCE_LEN];
  List<String> array = Arrays.asList(text.split(SIMPLE_SPACE_OR_PUNCTUATION));

  int index = 0;
  //如果它在词汇表文件中，则预先结束<START>
  if (dic.containsKey(START)) {
    tmp[index++] = dic.get(START);
  }

  for (String word : array) {
    if (index >= SENTENCE_LEN) {
      break;
    }
    tmp[index++] = dic.containsKey(word) ? dic.get(word) : (int) dic.get(UNKNOWN);
  }
  //填充和包装
  Arrays.fill(tmp, index, SENTENCE_LEN - 1, (int) dic.get(PAD));
  int[][] ans = {tmp};
  return ans;
}

Map<String, Integer> getDic() {
  return this.dic;
}

Interpreter getTflite() {
  return this.tflite;
}

List<String> getLabels() {
  return this.labels;
}
}
```

（2）文件 Result.java：根据用户的输入返回情感分析的识别结果。代码如下：

```java
/**TextClassifier用于返回描述分类内容的结果 */
public class Result implements Comparable<Result> {
/** 已分类内容的唯一标识符。特定于类，而不是对象的实例 */
```

171

```java
  private final String id;

  /**显示结果的名称 */
  private final String title;

  /** 识别结果相对于其他结果有多个可排序的成绩，成绩越高越好 */
  private final Float confidence;

  public Result(final String id, final String title, final Float confidence) {
    this.id = id;
    this.title = title;
    this.confidence = confidence;
  }

  public String getId() {
    return id;
  }

  public String getTitle() {
    return title;
  }

  public Float getConfidence() {
    return confidence;
  }

  @Override
  public String toString() {
    String resultString = "";
    if (id != null) {
      resultString += "[" + id + "] ";
    }

    if (title != null) {
      resultString += title + " ";
    }

    if (confidence != null) {
      resultString += String.format("(%.1f%%) ", confidence * 100.0f);
    }

    return resultString.trim();
  }

  @Override
  public int compareTo(Result o) {
    return o.confidence.compareTo(confidence);
  }
}
```

到此为止，整个项目工程全部开发完毕。单击 Android Studio 顶部的运行按钮运行本项目，在 Android 设备中将会显示执行效果。在屏幕下方分别显示一个文本输入框和一个"识别"按钮，当用户输入文本信息并单击"识别"按钮后，会在屏幕上方显示对应的识别结果。例如输入"the film is very good"后的执行效果如图 10-3 所示。

图 10-3　执行效果

at the end add back the deselected mirror modifier object
_ob.select= 1
fier_ob.select=1
context.scene.objects.active = modifier_ob
t("Selected" + str(modifier_ob)) # modifier ob is the active ob
mirror_ob.select = 0
= bpy.context.selected_objects[0]
.data.objects[one.name].select = 1

print("please select exactly two objects, the last one gets the

---- OPERATOR CLASSES ----

第 11 章

物体检测
识别系统

　　经过本书前面内容的学习，已经了解了使用 TensorFlow Lite 实现情感文字识别的知识。在本章的内容中，将通过一个物体检测识别系统的实现过程，详细讲解使用 TensorFlow Lite 开发大型软件项目的过程，包括项目的架构分析、创建模型和具体实现等知识。

11.1　系统介绍

对于给定的图片或者视频流，物体检测系统可以识别出已知的物体和该物体所在的位置。物体检测模块被训练用于检测多种物体的存在以及它们的位置，例如，模型可使用包含多个水果的图片和水果分别代表（如苹果、香蕉、草莓）的 label 进行训练，返回的数据指明了图像中对象出现的位置。随后，当我们为模型提供图片，模型将会返回一个列表，其中包含检测到的对象、对象矩形框的坐标和代表检测可信度的分数。本项目的具体结构如图 11-1 所示。

扫码观看本节视频讲解

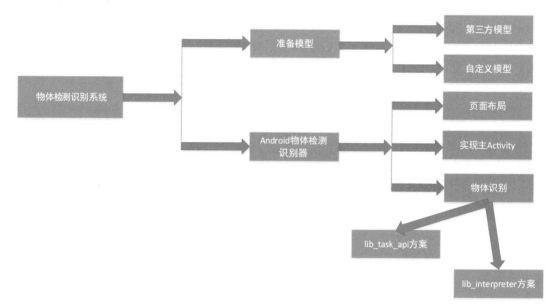

图 11-1　项目结构

11.2　准备模型

本项目使用的是 TensorFlow 官方提供的现成的模型，大家可以登录 TensorFlow 官方网站下载模型文件 detect.tflite。

扫码观看本节视频讲解

○ 11.2.1　模型介绍

本项目中，在文件 download_model.gradle 中设置了使用的初始模型和标签文件。文件 download_model.gradle 的具体实现代码如下：

```
task downloadModelFile(type: Download) {
    src 'https://tfhub.dev/tensorflow/lite-model/ssd_mobilenet_v1/1/metadata/2?lite-
format=tflite'
    dest project.ext.ASSET_DIR + '/detect.tflite'
    overwrite false
}
```

这个物体检测模型 detect.tflite 最多能够在一张图中识别和定位 10 个物体，目前支持 80 种物体的识别。

1）输入

模型使用单个图片作为输入，理想的图片尺寸大小是 300 像素 × 300 像素，每像素有 3 个通道（红、蓝、和绿）。这将反馈给模块一个 27000 字节（300 × 300 × 3）的扁平化缓存。由于该模块经过标准化处理，每一个字节代表了 0 到 255 之间的一个值。

2）输出

该模型输出 4 个数组，分别对应索引 0 ～ 3。前 3 个数组分别描述 10 个被检测到的物体，每个数组的最后一个元素匹配每个对象，检测到的物体数量总是 10。各个索引的具体说明如表 11-1 所示。

表 11-1 索引说明

索　引	名　称	描　述
0	坐标	[10][4] 多维数组，每一个元素是从 0 到 1 之间的浮点数，内部数组表示矩形边框的 [top, left, bottom, right]
1	类型	10 个整型元素组成的数组（输出为浮点型值），每一个元素都代表标签文件中的索引
2	分数	10 个整型元素组成的数组，元素值为 0 至 1 之间的浮点数，代表检测到的类型
3	检测到的物体和数量	长度为 1 的数组，元素为检测到的总数

11.2.2　自定义模型

开发者可以使用转移学习等技术来重新训练模型从而能够辨识初始设置之外的物品种类，例如，可以重新训练模型来辨识各种蔬菜，哪怕原始训练数据中只有一种蔬菜。为达成此目标，需要为每一个需要训练的标签准备一系列训练图片。

下面将介绍在 Oxford-IIIT Pet 数据集上训练新对象检测模型的过程，该模型将能够检测猫和狗的位置并识别每种动物的品种。假设我们在 Ubuntu 16.04 系统上运行，在开始之前需要设置开发环境。

● 设置 Google Cloud 项目，配置计费和启用必要的 Cloud API。

● 设置Google Cloud SDK。

● 安装TensorFlow。

（1）安装 TensorFlow 对象检测 API。

假设已经安装了 TensorFlow，那么可以使用以下命令安装对象检测 API 和其他依赖项：

```
git clone https://github.com/tensorflow/models
cd models/research
sudo apt-get install protobuf-compiler python-pil python-lxml
protoc object_detection/protos/*.proto --python_out=.
```

```
export PYTHONPATH=$PYTHONPATH:'pwd':'pwd'/slim
```

通过运行以下命令来测试安装：

```
python object_detection/builders/model_builder_test.py
```

（2）下载 Oxford-IIIT Pet Dataset。

开始下载 Oxford-IIIT Pet Dataset 数据集，然后转换为 TFRecords 并上传到 GCS。TensorFlow 对象检测 API 使用 TFRecord 格式进行训练和验证数据集。使用以下命令下载 Oxford-IIIT Pet 数据集并转换为 TFRecords：

```
wget http://www.robots.ox.ac.uk/~vgg/data/pets/data/images.tar.gz
wget http://www.robots.ox.ac.uk/~vgg/data/pets/data/annotations.tar.gz
tar -xvf annotations.tar.gz
tar -xvf images.tar.gz
python object_detection/dataset_tools/create_pet_tf_record.py \
    --label_map_path=object_detection/data/pet_label_map.pbtxt \
    --data_dir='pwd' \
    --output_dir='pwd'
```

接下来应该会看到两个新生成的文件：pet_train.record 和 pet_val.record。要在 GCP 上使用数据集，需要使用以下命令将其上传到我们的 Cloud Storage。请注意，我们同样上传了一个"标签地图"（包含在 git 存储库中），它将我们的模型预测的数字索引与类别名称对应起来（例如，4 -> "basset hound"，5 -> "beagle"）。

```
gsutil cp pet_train_with_masks.record ${YOUR_GCS_BUCKET}/data/pet_train.record
gsutil cp pet_val_with_masks.record ${YOUR_GCS_BUCKET}/data/pet_val.record
gsutil cp object_detection/data/pet_label_map.pbtxt \
    ${YOUR_GCS_BUCKET}/data/pet_label_map.pbtxt
```

（3）上传用于迁移学习的预训练 COCO 模型。

从头开始训练一个物体检测器模型可能需要几天时间，为了加快训练速度，将使用提供的模型中的参数初始化宠物模型，该模型已经在 COCO 数据集上进行了预训练。这个基于 ResNet101 的 Faster R-CNN 模型的权重将成为我们新模型（我们称之为微调检查点）的起点，并将训练时间从几天缩短到几个小时。要从此模型初始化，需要下载并将其放入 Cloud Storage。

```
wget https://storage.googleapis.com/download.tensorflow.org/models/object_detection/
faster_rcnn_resnet101_coco_11_06_2017.tar.gz
    tar -xvf faster_rcnn_resnet101_coco_11_06_2017.tar.gz
    gsutil cp faster_rcnn_resnet101_coco_11_06_2017/model.ckpt.* ${YOUR_GCS_BUCKET}/data/
```

（4）配置管道。

使用 TensorFlow 对象检测 API 中的协议缓冲区配置，可以在 object_detection/samples/configs/ 中找到本项目的配置文件。这些配置文件可用于调整模型和训练参数（例如学习率、dropout 和正则化参数）。我们需要修改提供的配置文件，以了解上传数据集的位置并微调检查点。需要更改 PATH_TO_BE_CONFIGURED 字符串，以便它们指向上传到 Cloud Storage 存储分区的数据集文件和微调检查点。之后，还需要将配置文件本身上传到 Cloud Storage。

```
sed -i "s|PATH_TO_BE_CONFIGURED|"${YOUR_GCS_BUCKET}"/data|g" object_detection/samples/
```

configs/faster_rcnn_resnet101_pets.config

```
gsutil cp object_detection/samples/configs/faster_rcnn_resnet101_pets.config \
    ${YOUR_GCS_BUCKET}/data/faster_rcnn_resnet101_pets.config
```

（5）运行训练和评估。

在 GCP 上运行之前，必须先打包 TensorFlow Object Detection API 和 TF Slim。

```
python setup.py sdist
(cd slim && python setup.py sdist)
```

仔细检查是否已将数据集上传到 Cloud Storage 存储分区，可以使用 Cloud Storage 浏览器检查存储分区。目录结构如下所示：

```
+ ${YOUR_GCS_BUCKET} /
  + data /
    - faster_rcnn_resnet101_pets.config
    - model.ckpt.index
    - model.ckpt.meta
    - model.ckpt.data-00000-of-00001
    - pet_label_map.pbtxt
    - pet_train.record
    - pet_val.record
```

代码打包后，准备开始训练和评估工作：

```
gcloud ml-engine jobs submit training 'whoami'_object_detection_'date +%s' \
    --job-dir=${YOUR_GCS_BUCKET}/train \
    --packages dist/object_detection-0.1.tar.gz,slim/dist/slim-0.1.tar.gz \
    --module-name object_detection.train \
```

此时可以在机器学习引擎仪表板上看到作业并检查日志以确保作业正在进行。请注意，此训练作业使用具有五个工作 GPU 和三个参数服务器的分布式异步梯度下降方法。

（6）导出 TensorFlow 图。

现在已经训练了一个了不起的宠物检测器，你可能想要在家庭宠物或朋友的图像上运行这个检测器。为了在训练后对一些示例图像运行检测，建议尝试使用 Jupyter notebook 演示。但是，在此之前，必须将经过训练的模型导出到 TensorFlow 图形原型，并将学习到的权重作为常量进行处理。首先，需要确定要导出的候选检查点。可以使用 Google Cloud Storage Browser 搜索存储分区。检查点应存储在 ${YOUR_GCS_BUCKET}/train 目录下，通常由三个文件组成。

- model.ckpt-${CHECKPOINT_NUMBER}.data-00000-of-00001。
- model.ckpt-${CHECKPOINT_NUMBER}.index。
- model.ckpt-${CHECKPOINT_NUMBER}.meta。

确定要导出的候选检查点（通常是最新的）后，从 tensorflow/models 目录运行以下命令：

```
# Please define CEHCKPOINT_NUMBER based on the checkpoint you'd like to export
export CHECKPOINT_NUMBER=${CHECKPOINT_NUMBER}

# From tensorflow/models
```

```
gsutil cp ${YOUR_GCS_BUCKET}/train/model.ckpt-${CHECKPOINT_NUMBER}.* .
python object_detection/export_inference_graph \
    --input_type image_tensor \
    --pipeline_config_path object_detection/samples/configs/faster_rcnn_resnet101_pets.config \
    --checkpoint_path model.ckpt-${CHECKPOINT_NUMBER} \
    --inference_graph_path output_inference_graph.pb
```

如果一切顺利，应该会看到导出的图形，该图形将存储在名为 output_inference_graph.pb 的文件中。

11.3　Android 物体检测识别器

在准备好 TensorFlow Lite 模型后，接下来将使用这个模型开发一个 Android 物体检测识别系统。本项目提供了两种物体检测解决方案。

- lib_task_api：直接使用现成的Task库集成模型 API 进行Tnference推断识别。
- lib_interpreter：使用TensorFlow Lite Interpreter Java API创建自定义推断管道。

在本项目的内部 app 文件 build.gradle 中，设置了使用上述第一种方案的方法。

扫码观看本节视频讲解

11.3.1　准备工作

（1）使用 Android Studio 导入本项目源码工程 object_detection，如图 11-2 所示。

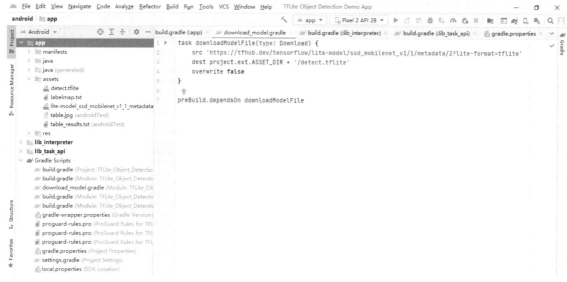

图 11-2　导入工程

（2）更新 build.gradle。

打开 app 模块中的文件 build.gradle，分别设置 Android 的编译版本和运行版本，设置需要使用的库文件，添加对 TensorFlow Lite 模型库的引用。代码如下：

```
apply plugin: 'com.android.application'
apply plugin: 'de.undercouch.download'

android {
    compileSdkVersion 30
    defaultConfig {
        applicationId "org.tensorflow.lite.examples.detection"
        minSdkVersion 21
        targetSdkVersion 30
        versionCode 1
        versionName "1.0"

        testInstrumentationRunner "androidx.test.runner.AndroidJUnitRunner"
    }
    buildTypes {
        release {
            minifyEnabled false
            proguardFiles getDefaultProguardFile('proguard-android.txt'), 'proguard-
rules.pro'
        }
    }
    aaptOptions {
        noCompress "tflite"
    }
    compileOptions {
        sourceCompatibility = '1.8'
        targetCompatibility = '1.8'
    }
    lintOptions {
        abortOnError false
    }
    flavorDimensions "tfliteInference"
    productFlavors {
        //TFLite推断是使用TFLiteJava解释器构建的
        interpreter {
            dimension "tfliteInference"
        }
        //默认: TFLite推断是使用TFLite任务库 (高级API) 构建的
        taskApi {
            getIsDefault().set(true)
            dimension "tfliteInference"
        }
    }
}
```

```
//导入下载模型任务
project.ext.ASSET_DIR = projectDir.toString() + '/src/main/assets'
project.ext.TMP_DIR = project.buildDir.toString() + '/downloads'

//下载默认模型, 如果您希望使用自己的模型, 请将它们放在 assets 目录中, 并注释掉这一行
apply from:'download_model.gradle'

dependencies {
    implementation fileTree(dir: 'libs', include: ['*.jar','*.aar'])
    interpreterImplementation project(":lib_interpreter")
    taskApiImplementation project(":lib_task_api")
    implementation 'androidx.appcompat:appcompat:1.0.0'
    implementation 'androidx.coordinatorlayout:coordinatorlayout:1.0.0'
    implementation 'com.google.android.material:material:1.0.0'

    androidTestImplementation 'androidx.test.ext:junit:1.1.1'
    androidTestImplementation 'com.google.truth:truth:1.0.1'
    androidTestImplementation 'androidx.test:runner:1.2.0'
    androidTestImplementation 'androidx.test:rules:1.1.0'
}
```

11.3.2　页面布局

（1）本项目主界面的页面布局文件是 tfe_od_activity_camera.xml，功能是在 Android 屏幕上方显示相机预览窗口，在屏幕下方显示悬浮式的系统配置参数。文件 tfe_od_activity_camera.xml 的具体实现代码如下：

```
<androidx.coordinatorlayout.widget.CoordinatorLayout xmlns:android="http://schemas.
android.com/apk/res/android"
    xmlns:tools="http://schemas.android.com/tools"
    android:layout_width="match_parent"
    android:layout_height="match_parent"
    android:background="#00000000">

    <RelativeLayout xmlns:android="http://schemas.android.com/apk/res/android"
        xmlns:tools="http://schemas.android.com/tools"
        android:layout_width="match_parent"
        android:layout_height="match_parent"
        android:background="@android:color/black"
        android:orientation="vertical">

        <FrameLayout xmlns:android="http://schemas.android.com/apk/res/android"
            xmlns:tools="http://schemas.android.com/tools"
            android:id="@+id/container"
            android:layout_width="match_parent"
```

```
            android:layout_height="match_parent"
            tools:context="org.tensorflow.demo.CameraActivity" />

        <androidx.appcompat.widget.Toolbar
            android:id="@+id/toolbar"
            android:layout_width="match_parent"
            android:layout_height="?attr/actionBarSize"
            android:layout_alignParentTop="true"
            android:background="@color/tfe_semi_transparent">

            <ImageView
                android:layout_width="wrap_content"
                android:layout_height="wrap_content"
                android:src="@drawable/tfl2_logo" />
        </androidx.appcompat.widget.Toolbar>

    </RelativeLayout>

    <include
        android:id="@+id/bottom_sheet_layout"
        layout="@layout/tfe_od_layout_bottom_sheet" />
</androidx.coordinatorlayout.widget.CoordinatorLayout>
```

（2）在上面的页面布局文件 tfe_od_activity_camera.xml 中，通过调用文件 tfe_od_layout_bottom_sheet
.xml 显示在主界面屏幕下方显示的悬浮式配置面板。文件 tfe_od_layout_bottom_sheet.xml 的主要实现代
码如下：

```
<LinearLayout
    android:layout_width="match_parent"
    android:layout_height="wrap_content"
    android:orientation="horizontal">

    <TextView
        android:id="@+id/frame"
        android:layout_width="wrap_content"
        android:layout_height="wrap_content"
        android:layout_marginTop="10dp"
        android:text="Frame"
        android:textColor="@android:color/black" />

    <TextView
        android:id="@+id/frame_info"
        android:layout_width="match_parent"
        android:layout_height="wrap_content"
        android:layout_marginTop="10dp"
        android:gravity="right"
        android:text="640*480"
        android:textColor="@android:color/black" />
</LinearLayout>
```

```xml
<LinearLayout
    android:layout_width="match_parent"
    android:layout_height="wrap_content"
    android:orientation="horizontal">

    <TextView
        android:id="@+id/crop"
        android:layout_width="wrap_content"
        android:layout_height="wrap_content"
        android:layout_marginTop="10dp"
        android:text="Crop"
        android:textColor="@android:color/black" />

    <TextView
        android:id="@+id/crop_info"
        android:layout_width="match_parent"
        android:layout_height="wrap_content"
        android:layout_marginTop="10dp"
        android:gravity="right"
        android:text="640*480"
        android:textColor="@android:color/black" />
</LinearLayout>


<LinearLayout
    android:layout_width="match_parent"
    android:layout_height="wrap_content"
    android:orientation="horizontal">

    <TextView
        android:id="@+id/inference"
        android:layout_width="wrap_content"
        android:layout_height="wrap_content"
        android:layout_marginTop="10dp"
        android:text="Inference Time"
        android:textColor="@android:color/black" />

    <TextView
        android:id="@+id/inference_info"
        android:layout_width="match_parent"
        android:layout_height="wrap_content"
        android:layout_marginTop="10dp"
        android:gravity="right"
        android:text="640*480"
        android:textColor="@android:color/black" />
</LinearLayout>
```

```xml
<View
    android:layout_width="match_parent"
    android:layout_height="1px"
    android:layout_marginTop="10dp"
    android:background="@android:color/darker_gray" />

<RelativeLayout
    android:layout_width="match_parent"
    android:layout_height="wrap_content"
    android:layout_marginTop="10dp"
    android:orientation="horizontal">

    <TextView
        android:layout_width="wrap_content"
        android:layout_height="wrap_content"
        android:layout_marginTop="10dp"
        android:text="Threads"
        android:textColor="@android:color/black" />

    <LinearLayout
        android:layout_width="wrap_content"
        android:layout_height="wrap_content"
        android:layout_alignParentRight="true"
        android:background="@drawable/rectangle"
        android:gravity="center"
        android:orientation="horizontal"
        android:padding="4dp">

        <ImageView
            android:id="@+id/minus"
            android:layout_width="wrap_content"
            android:layout_height="wrap_content"
            android:src="@drawable/ic_baseline_remove" />

        <TextView
            android:id="@+id/threads"
            android:layout_width="wrap_content"
            android:layout_height="wrap_content"
            android:layout_marginLeft="10dp"
            android:layout_marginRight="10dp"
            android:text="4"
            android:textColor="@android:color/black"
            android:textSize="14sp" />

        <ImageView
            android:id="@+id/plus"
            android:layout_width="wrap_content"
            android:layout_height="wrap_content"
            android:src="@drawable/ic_baseline_add" />
```

```
    </LinearLayout>
  </RelativeLayout>
```

11.3.3　实现主 Activity

本项目的主 Activity 功能是由文件 CameraActivity.java 实现的，主 Activity 功能是调用前面的布局文件 tfe_od_activity_camera.xml，在 Android 屏幕上方显示相机预览窗口，在屏幕下方显示悬浮式的系统配置参数。文件 CameraActivity.java 的具体实现流程如下所示。

（1）设置摄像头预览界面的公共属性，代码如下：

```java
public abstract class CameraActivity extends AppCompatActivity
    implements OnImageAvailableListener,
        Camera.PreviewCallback,
        CompoundButton.OnCheckedChangeListener,
        View.OnClickListener {
  private static final Logger LOGGER = new Logger();

  private static final int PERMISSIONS_REQUEST = 1;

  private static final String PERMISSION_CAMERA = Manifest.permission.CAMERA;
  protected int previewWidth = 0;
  protected int previewHeight = 0;
  private boolean debug = false;
  private Handler handler;
  private HandlerThread handlerThread;
  private boolean useCamera2API;
  private boolean isProcessingFrame = false;
  private byte[][] yuvBytes = new byte[3][];
  private int[] rgbBytes = null;
```

（2）在初始化函数 onCreate() 中加载布局文件 tfe_od_activity_camera.xml，代码如下：

```java
@Override
protected void onCreate(final Bundle savedInstanceState) {
  LOGGER.d("onCreate " + this);
  super.onCreate(null);
  getWindow().addFlags(WindowManager.LayoutParams.FLAG_KEEP_SCREEN_ON);

  setContentView(R.layout.tfe_od_activity_camera);
  Toolbar toolbar = findViewById(R.id.toolbar);
  setSupportActionBar(toolbar);
  getSupportActionBar().setDisplayShowTitleEnabled(false);

  if (hasPermission()) {
    setFragment();
  } else {
    requestPermission();
```

```
}
```

（3）获取悬浮面板中的配置参数，系统将根据这些配置参数加载显示预览界面。代码如下：

```java
threadsTextView = findViewById(R.id.threads);
plusImageView = findViewById(R.id.plus);
minusImageView = findViewById(R.id.minus);
apiSwitchCompat = findViewById(R.id.api_info_switch);
bottomSheetLayout = findViewById(R.id.bottom_sheet_layout);
gestureLayout = findViewById(R.id.gesture_layout);
sheetBehavior = BottomSheetBehavior.from(bottomSheetLayout);
bottomSheetArrowImageView = findViewById(R.id.bottom_sheet_arrow);
```

（4）获取视图树观察者对象，设置底页回调处理事件。代码如下：

```java
ViewTreeObserver vto = gestureLayout.getViewTreeObserver();
vto.addOnGlobalLayoutListener(
    new ViewTreeObserver.OnGlobalLayoutListener() {
      @Override
      public void onGlobalLayout() {
        if (Build.VERSION.SDK_INT < Build.VERSION_CODES.JELLY_BEAN) {
          gestureLayout.getViewTreeObserver().removeGlobalOnLayoutListener(this);
        } else {
          gestureLayout.getViewTreeObserver().removeOnGlobalLayoutListener(this);
        }
        int width = bottomSheetLayout.getMeasuredWidth();
        int height = gestureLayout.getMeasuredHeight();

        sheetBehavior.setPeekHeight(height);
      }
    });
sheetBehavior.setHideable(false);

sheetBehavior.setBottomSheetCallback(
    new BottomSheetBehavior.BottomSheetCallback() {
      @Override
      public void onStateChanged(@NonNull View bottomSheet, int newState) {
        switch (newState) {
          case BottomSheetBehavior.STATE_HIDDEN:
            break;
          case BottomSheetBehavior.STATE_EXPANDED:
            {
              bottomSheetArrowImageView.setImageResource(R.drawable.icn_chevron_down);
            }
            break;
          case BottomSheetBehavior.STATE_COLLAPSED:
            {
              bottomSheetArrowImageView.setImageResource(R.drawable.icn_chevron_up);
```

```
                    }
                      break;
                  case BottomSheetBehavior.STATE_DRAGGING:
                      break;
                  case BottomSheetBehavior.STATE_SETTLING:
                      bottomSheetArrowImageView.setImageResource(R.drawable.icn_chevron_up);
                      break;
                }
            }

            @Override
            public void onSlide(@NonNull View bottomSheet, float slideOffset) {}
        });

    frameValueTextView = findViewById(R.id.frame_info);
    cropValueTextView = findViewById(R.id.crop_info);
    inferenceTimeTextView = findViewById(R.id.inference_info);

    apiSwitchCompat.setOnCheckedChangeListener(this);

    plusImageView.setOnClickListener(this);
    minusImageView.setOnClickListener(this);
}

protected int[] getRgbBytes() {
    imageConverter.run();
    return rgbBytes;
}

protected int getLuminanceStride() {
    return yRowStride;
}

protected byte[] getLuminance() {
    return yuvBytes[0];
}
```

（5）创建 android.hardware.Camera API 的回调，打开手机中的相机预览界面，使用函数 ImageUtils. convertYUV420SPToARGB8888() 将相机 data 转换成 rgbBytes。代码如下：

```
@Override
public void onPreviewFrame(final byte[] bytes, final Camera camera) {
    if (isProcessingFrame) {
        LOGGER.w("Dropping frame!");
        return;
    }

    try {
```

```
        //已知分辨率，初始化存储位图一次
        if (rgbBytes == null) {
          Camera.Size previewSize = camera.getParameters().getPreviewSize();
          previewHeight = previewSize.height;
          previewWidth = previewSize.width;
          rgbBytes = new int[previewWidth * previewHeight];
          onPreviewSizeChosen(new Size(previewSize.width, previewSize.height), 90);
        }
      } catch (final Exception e) {
        LOGGER.e(e, "Exception!");
        return;
      }

      isProcessingFrame = true;
      yuvBytes[0] = bytes;
      yRowStride = previewWidth;

      imageConverter =
          new Runnable() {
            @Override
            public void run() {
              ImageUtils.convertYUV420SPToARGB8888(bytes, previewWidth, previewHeight,
rgbBytes);
            }
          };

      postInferenceCallback =
          new Runnable() {
            @Override
            public void run() {
              camera.addCallbackBuffer(bytes);
              isProcessingFrame = false;
            }
          };
      processImage();
    }
```

（6）编写函数 onImageAvailable() 实现 Camera2 API 的回调，代码如下：

```
    @Override
    public void onImageAvailable(final ImageReader reader) {
      //需要等待，直到从onPreviewSizeChosen得到一些尺寸
      if (previewWidth == 0 || previewHeight == 0) {
        return;
      }
      if (rgbBytes == null) {
        rgbBytes = new int[previewWidth * previewHeight];
      }
      try {
```

```
      final Image image = reader.acquireLatestImage();

      if (image == null) {
        return;
      }

      if (isProcessingFrame) {
        image.close();
        return;
      }
      isProcessingFrame = true;
      Trace.beginSection("imageAvailable");
      final Plane[] planes = image.getPlanes();
      fillBytes(planes, yuvBytes);
      yRowStride = planes[0].getRowStride();
      final int uvRowStride = planes[1].getRowStride();
      final int uvPixelStride = planes[1].getPixelStride();

      imageConverter =
          new Runnable() {
            @Override
            public void run() {
              ImageUtils.convertYUV420ToARGB8888(
                  yuvBytes[0],
                  yuvBytes[1],
                  yuvBytes[2],
                  previewWidth,
                  previewHeight,
                  yRowStride,
                  uvRowStride,
                  uvPixelStride,
                  rgbBytes);
            }
          };

      postInferenceCallback =
          new Runnable() {
            @Override
            public void run() {
              image.close();
              isProcessingFrame = false;
            }
          };

      processImage();
    } catch (final Exception e) {
      LOGGER.e(e, "Exception!");
      Trace.endSection();
      return;
```

```
    }
    Trace.endSection();
}
```

（7）编写函数 onImageAvailable()，判断当前手机设备是否支持所需的硬件级别或更高级别，如果是，则返回 true。代码如下：

```
private boolean isHardwareLevelSupported(
    CameraCharacteristics characteristics, int requiredLevel) {
    int deviceLevel = characteristics.get(CameraCharacteristics.INFO_SUPPORTED_HARDWARE_
LEVEL);
    if (deviceLevel == CameraCharacteristics.INFO_SUPPORTED_HARDWARE_LEVEL_LEGACY) {
        return requiredLevel == deviceLevel;
    }
    //使用数字排序
    return requiredLevel <= deviceLevel;
}
```

（8）启用当前设备中的摄像头功能，代码如下：

```
private String chooseCamera() {
    final CameraManager manager = (CameraManager) getSystemService(Context.CAMERA_SERVICE);
    try {
        for (final String cameraId : manager.getCameraIdList()) {
    final CameraCharacteristics characteristics = manager.getCameraCharacteristics(cameraId);

            //不使用前向摄像头
            final Integer facing = characteristics.get(CameraCharacteristics.LENS_FACING);
            if (facing != null && facing == CameraCharacteristics.LENS_FACING_FRONT) {
                continue;
            }

            final StreamConfigurationMap map =
                characteristics.get(CameraCharacteristics.SCALER_STREAM_CONFIGURATION_MAP);

            if (map == null) {
                continue;
            }

            //对于没有完全支持的内部摄像头，请返回camera1 API
            //这将有助于解决因使用camera2 API导致预览失真或损坏的遗留问题
            useCamera2API =
                (facing == CameraCharacteristics.LENS_FACING_EXTERNAL)
                    || isHardwareLevelSupported(
                        characteristics, CameraCharacteristics.INFO_SUPPORTED_HARDWARE_
LEVEL_FULL);
            LOGGER.i("Camera API lv2?: %s", useCamera2API);
            return cameraId;
        }
```

```
    } catch (CameraAccessException e) {
      LOGGER.e(e, "Not allowed to access camera");
    }

    return null;
  }
```

11.3.4 物体识别界面

本实例的物体识别界面 Activity 是由文件 DetectorActivity.java 实现的，功能是调用 lib_task_api 或 lib_interpreter 方案实现物体识别。文件 DetectorActivity.java 的具体实现流程如下。

（1）在设置了 Camera 捕获图片的一些参数后，例如图片预览大小 previewSize、摄像头方向 sensorOrientation 等，最重要的是回调我们之前传入 fragment 中的 cameraConnectionCallback 的 onPreviewSizeChosen() 函数，这是预览图片的宽、高确定后执行的回调函数。代码如下：

```
public void onPreviewSizeChosen(final Size size, final int rotation) {
  final float textSizePx =
      TypedValue.applyDimension(
          TypedValue.COMPLEX_UNIT_DIP, TEXT_SIZE_DIP, getResources().getDisplayMetrics());
  borderedText = new BorderedText(textSizePx);
  borderedText.setTypeface(Typeface.MONOSPACE);

  tracker = new MultiBoxTracker(this);

  int cropSize = TF_OD_API_INPUT_SIZE;

  try {
    detector =
        TFLiteObjectDetectionAPIModel.create(
            this,
            TF_OD_API_MODEL_FILE,
            TF_OD_API_LABELS_FILE,
            TF_OD_API_INPUT_SIZE,
            TF_OD_API_IS_QUANTIZED);
    cropSize = TF_OD_API_INPUT_SIZE;
  } catch (final IOException e) {
    e.printStackTrace();
    LOGGER.e(e, "Exception initializing Detector!");
    Toast toast =
        Toast.makeText(
            getApplicationContext(), "Detector could not be initialized", Toast.
LENGTH_SHORT);
    toast.show();
    finish();
  }
```

```
    previewWidth = size.getWidth();
    previewHeight = size.getHeight();

    sensorOrientation = rotation - getScreenOrientation();
    LOGGER.i("Camera orientation relative to screen canvas: %d", sensorOrientation);

    LOGGER.i("Initializing at size %dx%d", previewWidth, previewHeight);
    rgbFrameBitmap = Bitmap.createBitmap(previewWidth, previewHeight, Config.ARGB_8888);
    croppedBitmap = Bitmap.createBitmap(cropSize, cropSize, Config.ARGB_8888);

    frameToCropTransform =
        ImageUtils.getTransformationMatrix(
            previewWidth, previewHeight,
            cropSize, cropSize,
            sensorOrientation, MAINTAIN_ASPECT);

    cropToFrameTransform = new Matrix();
    frameToCropTransform.invert(cropToFrameTransform);

    trackingOverlay = (OverlayView) findViewById(R.id.tracking_overlay);
    trackingOverlay.addCallback(
        new DrawCallback() {
          @Override
          public void drawCallback(final Canvas canvas) {
            tracker.draw(canvas);
            if (isDebug()) {
              tracker.drawDebug(canvas);
            }
          }
        });

    tracker.setFrameConfiguration(previewWidth, previewHeight, sensorOrientation);
}
```

（2）处理摄像头中的图像，将流式 YUV420_888 图像转换为可理解的图，会自动启动一个处理图像的线程，这意味着可以随意使用而不会崩溃。如果你的图像处理无法跟上相机的进给速度,则会丢弃相框。代码如下:

```
protected void processImage() {
  ++timestamp;
  final long currTimestamp = timestamp;
  trackingOverlay.postInvalidate();

  //不需要互斥, 因为此方法不可重入
  if (computingDetection) {
    readyForNextImage();
    return;
  }
```

```
      computingDetection = true;
      LOGGER.i("Preparing image " + currTimestamp + " for detection in bg thread.");

      rgbFrameBitmap.setPixels(getRgbBytes(), 0, previewWidth, 0, 0, previewWidth,
previewHeight);

      readyForNextImage();

      final Canvas canvas = new Canvas(croppedBitmap);
      canvas.drawBitmap(rgbFrameBitmap, frameToCropTransform, null);
      //用于检查实际TF输入
      if (SAVE_PREVIEW_BITMAP) {
        ImageUtils.saveBitmap(croppedBitmap);
      }

      runInBackground(
          new Runnable() {
            @Override
            public void run() {
              LOGGER.i("Running detection on image " + currTimestamp);
              final long startTime = SystemClock.uptimeMillis();
              final List<Detector.Recognition> results = detector.recognizeImage(croppedBitmap);
              lastProcessingTimeMs = SystemClock.uptimeMillis() - startTime;

              cropCopyBitmap = Bitmap.createBitmap(croppedBitmap);
              final Canvas canvas = new Canvas(cropCopyBitmap);
              final Paint paint = new Paint();
              paint.setColor(Color.RED);
              paint.setStyle(Style.STROKE);
              paint.setStrokeWidth(2.0f);

              float minimumConfidence = MINIMUM_CONFIDENCE_TF_OD_API;
              switch (MODE) {
                case TF_OD_API:
                  minimumConfidence = MINIMUM_CONFIDENCE_TF_OD_API;
                  break;
              }

              final List<Detector.Recognition> mappedRecognitions =
                  new ArrayList<Detector.Recognition>();

              for (final Detector.Recognition result : results) {
                final RectF location = result.getLocation();
                if (location != null && result.getConfidence() >= minimumConfidence) {
                  canvas.drawRect(location, paint);

                  cropToFrameTransform.mapRect(location);

                  result.setLocation(location);
```

```
                      mappedRecognitions.add(result);
                    }
                  }

                  tracker.trackResults(mappedRecognitions, currTimestamp);
                  trackingOverlay.postInvalidate();

                  computingDetection = false;

                  runOnUiThread(
                      new Runnable() {
                        @Override
                        public void run() {
                          showFrameInfo(previewWidth + "x" + previewHeight);
                          showCropInfo(cropCopyBitmap.getWidth() + "x" + cropCopyBitmap.
getHeight());

                          showInference(lastProcessingTimeMs + "ms");
                        }
                      });
                }
              });
          }
```

◎ 11.3.5　相机预览界面拼接

编写文件 CameraConnectionFragment.java，功能是在摄像头识别物体后会用文字标注识别结果，并将识别结果和摄像头预览界面拼接在一起构成一幅完整的图形。文件 CameraConnectionFragment.java 的具体实现流程如下。

（1）设置长、宽属性，例如设置相机的预览大小为 320，这将被设置为能够容纳所需大小正方形的最小逐帧像素大小。

```
private static final int MINIMUM_PREVIEW_SIZE = 320;

/**从屏幕旋转到JPEG方向的转换 */
private static final SparseIntArray ORIENTATIONS = new SparseIntArray();

private static final String FRAGMENT_DIALOG = "dialog";

static {
  ORIENTATIONS.append(Surface.ROTATION_0, 90);
  ORIENTATIONS.append(Surface.ROTATION_90, 0);
  ORIENTATIONS.append(Surface.ROTATION_180, 270);
  ORIENTATIONS.append(Surface.ROTATION_270, 180);
}

/**{@link Semaphore}用于在关闭摄像头之前阻止应用程序退出 */
```

```
private final Semaphore cameraOpenCloseLock = new Semaphore(1);
/** 用于接收可用帧的{@link OnImageAvailableListener} */
private final OnImageAvailableListener imageListener;
/**TensorFlow所需的输入大小（正方形位图的宽度和高度），以像素为单位 */
private final Size inputSize;
/**设置布局标识符 */
private final int layout;
```

（2）使用 TextureView.SurfaceTextureListener 处理 TextureView 上的多个生命周期事件，代码如下：

```
private final TextureView.SurfaceTextureListener surfaceTextureListener =
    new TextureView.SurfaceTextureListener() {
      @Override
      public void onSurfaceTextureAvailable(
          final SurfaceTexture texture, final int width, final int height) {
        openCamera(width, height);
      }

      @Override
      public void onSurfaceTextureSizeChanged(
          final SurfaceTexture texture, final int width, final int height) {
        configureTransform(width, height);
      }
      @Override
      public boolean onSurfaceTextureDestroyed(final SurfaceTexture texture) {
        return true;
      }

      @Override
      public void onSurfaceTextureUpdated(final SurfaceTexture texture) {}
    };

private CameraConnectionFragment(
    final ConnectionCallback connectionCallback,
    final OnImageAvailableListener imageListener,
    final int layout,
    final Size inputSize) {
  this.cameraConnectionCallback = connectionCallback;
  this.imageListener = imageListener;
  this.layout = layout;
  this.inputSize = inputSize;
}
```

（3）编写函数 chooseOptimalSize() 设置相机的参数，根据设置的参数返回最佳大小的预览界面。如果没有足够大的界面，则返回任意值，其中设置的宽度和高度至少与两者的最小值相同。或者如果有可能，可以选择完全匹配的值。各个参数的具体说明如下。

- choices：相机为预期输出类支持的大小列表。
- width：所需的最小宽度。

- height：所需的最小高度。

函数 chooseOptimalSize() 的具体实现代码如下。

```
protected static Size chooseOptimalSize(final Size[] choices, final int width, final int
height) {
    final int minSize = Math.max(Math.min(width, height), MINIMUM_PREVIEW_SIZE);
    final Size desiredSize = new Size(width, height);

    //收集至少与预览曲面一样大的支持分辨率
    boolean exactSizeFound = false;
    final List<Size> bigEnough = new ArrayList<Size>();
    final List<Size> tooSmall = new ArrayList<Size>();
    for (final Size option : choices) {
        if (option.equals(desiredSize)) {
            //设置大小，但不要返回，以便仍记录剩余的大小
            exactSizeFound = true;
        }

        if (option.getHeight() >= minSize && option.getWidth() >= minSize) {
            bigEnough.add(option);
        } else {
            tooSmall.add(option);
        }
    }

    LOGGER.i("Desired size: " + desiredSize + ", min size: " + minSize + "x" + minSize);
    LOGGER.i("Valid preview sizes: [" + TextUtils.join(", ", bigEnough) + "]");
    LOGGER.i("Rejected preview sizes: [" + TextUtils.join(", ", tooSmall) + "]");

    if (exactSizeFound) {
        LOGGER.i("Exact size match found.");
        return desiredSize;
    }

    //挑选最小的
    if (bigEnough.size() > 0) {
        final Size chosenSize = Collections.min(bigEnough, new CompareSizesByArea());
        LOGGER.i("Chosen size: " + chosenSize.getWidth() + "x" + chosenSize.getHeight());
        return chosenSize;
    } else {
        LOGGER.e("Couldn't find any suitable preview size");
        return choices[0];
    }
}
```

（4）编写函数 showToast()，显示 UI 线程上要显示的提醒消息。代码如下：

```
private void showToast(final String text) {
    final Activity activity = getActivity();
```

```
    if (activity != null) {
      activity.runOnUiThread(
          new Runnable() {
            @Override
            public void run() {
              Toast.makeText(activity, text, Toast.LENGTH_SHORT).show();
            }
          });
    }
  }
```

（5）编写函数 setUpCameraOutputs()，设置与摄影机相关的成员变量。代码如下：

```
    private void setUpCameraOutputs() {
      final Activity activity = getActivity();
      final CameraManager manager = (CameraManager) activity.getSystemService(Context.
CAMERA_SERVICE);
      try {
        final CameraCharacteristics characteristics = manager.getCameraCharacteristics (cameraId);

        final StreamConfigurationMap map =
            characteristics.get(CameraCharacteristics.SCALER_STREAM_CONFIGURATION_MAP);

        sensorOrientation = characteristics.get(CameraCharacteristics.SENSOR_ORIENTATION);

        //如果尝试使用过大的预览大小，可能会超过相机总线的带宽限制
        //但会存储垃圾捕获数据
        previewSize =
            chooseOptimalSize(
                map.getOutputSizes(SurfaceTexture.class),
                inputSize.getWidth(),
                inputSize.getHeight());

        //我们将TextureView的纵横比与拾取的预览大小相匹配
        final int orientation = getResources().getConfiguration().orientation;
        if (orientation == Configuration.ORIENTATION_LANDSCAPE) {
          textureView.setAspectRatio(previewSize.getWidth(), previewSize.getHeight());
        } else {
          textureView.setAspectRatio(previewSize.getHeight(), previewSize.getWidth());
        }
      } catch (final CameraAccessException e) {
        LOGGER.e(e, "Exception!");
      } catch (final NullPointerException e) {
        //当使用Camera2API但此代码运行的设备不支持时，会引发NPE
        ErrorDialog.newInstance(getString(R.string.tfe_od_camera_error))
            .show(getChildFragmentManager(), FRAGMENT_DIALOG);
        throw new IllegalStateException(getString(R.string.tfe_od_camera_error));
      }
```

```
    cameraConnectionCallback.onPreviewSizeChosen(previewSize, sensorOrientation);
  }
```

（6）编写函数 openCamera()，打开由 CameraConnectionFragmen 指定的相机。代码如下：

```
private void openCamera(final int width, final int height) {
  setUpCameraOutputs();
  configureTransform(width, height);
  final Activity activity = getActivity();
  final CameraManager manager = (CameraManager) activity.getSystemService(Context.
CAMERA_SERVICE);
  try {
    if (!cameraOpenCloseLock.tryAcquire(2500, TimeUnit.MILLISECONDS)) {
      throw new RuntimeException("Time out waiting to lock camera opening.");
    }
    manager.openCamera(cameraId, stateCallback, backgroundHandler);
  } catch (final CameraAccessException e) {
    LOGGER.e(e, "Exception!");
  } catch (final InterruptedException e) {
    throw new RuntimeException("Interrupted while trying to lock camera opening.", e);
  }
}
```

（7）编写函数 closeCamera()，关闭当前的 CameraDevice 相机。代码如下：

```
private void closeCamera() {
  try {
    cameraOpenCloseLock.acquire();
    if (null != captureSession) {
      captureSession.close();
      captureSession = null;
    }
    if (null != cameraDevice) {
      cameraDevice.close();
      cameraDevice = null;
    }
    if (null != previewReader) {
      previewReader.close();
      previewReader = null;
    }
  } catch (final InterruptedException e) {
    throw new RuntimeException("Interrupted while trying to lock camera closing.", e);
  } finally {
    cameraOpenCloseLock.release();
  }
}
```

（8）分别启动前台线程和后台线程，代码如下：

```
/**启动后台线程及其{@link Handler} */
private void startBackgroundThread() {
  backgroundThread = new HandlerThread("ImageListener");
  backgroundThread.start();
  backgroundHandler = new Handler(backgroundThread.getLooper());
}

/**停止后台线程及其{@link Handler} */
private void stopBackgroundThread() {
  backgroundThread.quitSafely();
  try {
    backgroundThread.join();
    backgroundThread = null;
    backgroundHandler = null;
  } catch (final InterruptedException e) {
    LOGGER.e(e, "Exception!");
  }
}
```

（9）为相机预览界面创建新的 CameraCaptureSession 缓存，代码如下：

```
private void createCameraPreviewSession() {
  try {
    final SurfaceTexture texture = textureView.getSurfaceTexture();
    assert texture != null;

    //将默认缓冲区的大小配置为所需的相机预览大小
    texture.setDefaultBufferSize(previewSize.getWidth(), previewSize.getHeight());

    //这是我们需要开始预览的输出界面
    final Surface surface = new Surface(texture);

    //用输出界面设置了CaptureRequest.Builder
    previewRequestBuilder = cameraDevice.createCaptureRequest(CameraDevice.TEMPLATE_
PREVIEW);
    previewRequestBuilder.addTarget(surface);

    LOGGER.i("Opening camera preview: " + previewSize.getWidth() + "x" + previewSize.
getHeight());

    //为预览帧创建读取器
    previewReader =
        ImageReader.newInstance(
            previewSize.getWidth(), previewSize.getHeight(), ImageFormat.YUV_420_888, 2);

    previewReader.setOnImageAvailableListener(imageListener, backgroundHandler);
    previewRequestBuilder.addTarget(previewReader.getSurface());

    //为摄影机预览创建一个CameraCaptureSession
```

```
cameraDevice.createCaptureSession(
    Arrays.asList(surface, previewReader.getSurface()),
    new CameraCaptureSession.StateCallback() {

        @Override
        public void onConfigured(final CameraCaptureSession cameraCaptureSession) {
            //摄像机已经关闭
            if (null == cameraDevice) {
                return;
            }

            //当会话准备就绪时开始显示预览
            captureSession = cameraCaptureSession;
            try {
                //自动对焦, 连续用于相机预览
                previewRequestBuilder.set(
                    CaptureRequest.CONTROL_AF_MODE,
                    CaptureRequest.CONTROL_AF_MODE_CONTINUOUS_PICTURE);
                //在必要时自动启用闪存
                previewRequestBuilder.set(
                    CaptureRequest.CONTROL_AE_MODE, CaptureRequest.CONTROL_AE_MODE_ON_
AUTO_FLASH);

                //最后, 开始显示相机预览
                previewRequest = previewRequestBuilder.build();
                captureSession.setRepeatingRequest(
                    previewRequest, captureCallback, backgroundHandler);
            } catch (final CameraAccessException e) {
                LOGGER.e(e, "Exception!");
            }
        }

        @Override
        public void onConfigureFailed(final CameraCaptureSession cameraCaptureSession)
{
            showToast("Failed");
        }
    },
    null);
} catch (final CameraAccessException e) {
    LOGGER.e(e, "Exception!");
}
}
```

（10）编写函数 configureTransform()，将必要的 Matrix 转换配置为 mTextureView。在 setUpCameraOutputs 中确定相机预览大小，并且在固定 mTextureView 的大小后需要调用此方法。其中参数 viewWidth 表示 mTextureView 的宽度，参数 viewHeight 表示 mTextureView 的高度。代码如下：

```
private void configureTransform(final int viewWidth, final int viewHeight) {
```

201

```
    final Activity activity = getActivity();
    if (null == textureView || null == previewSize || null == activity) {
        return;
    }
    final int rotation = activity.getWindowManager().getDefaultDisplay().getRotation();
    final Matrix matrix = new Matrix();
    final RectF viewRect = new RectF(0, 0, viewWidth, viewHeight);
    final RectF bufferRect = new RectF(0, 0, previewSize.getHeight(), previewSize.getWidth());
    final float centerX = viewRect.centerX();
    final float centerY = viewRect.centerY();
    if (Surface.ROTATION_90 == rotation || Surface.ROTATION_270 == rotation) {
        bufferRect.offset(centerX - bufferRect.centerX(), centerY - bufferRect.centerY());
        matrix.setRectToRect(viewRect, bufferRect, Matrix.ScaleToFit.FILL);
        final float scale =
            Math.max(
                (float) viewHeight / previewSize.getHeight(),
                (float) viewWidth / previewSize.getWidth());
        matrix.postScale(scale, scale, centerX, centerY);
        matrix.postRotate(90 * (rotation - 2), centerX, centerY);
    } else if (Surface.ROTATION_180 == rotation) {
        matrix.postRotate(180, centerX, centerY);
    }
    textureView.setTransform(matrix);
}
```

11.3.6 lib_task_api 方案

本项目默认使用 TensorFlow Lite 任务库中的开箱即用 API 实现物体检测和识别功能，通过文件 TFLiteObjectDetectionAPIModel.java 调用 TensorFlow 对象检测 API 训练的检测模型包装器，代码如下：

```
/**
  使用TensorFlow对象检测API训练的检测模型包装器
*/
public class TFLiteObjectDetectionAPIModel implements Detector {
  private static final String TAG = "TFLiteObjectDetectionAPIModelWithTaskApi";

  /** 只返回这么多结果*/
  private static final int NUM_DETECTIONS = 10;

  private final MappedByteBuffer modelBuffer;

  /**使用Tensorflow Lite运行模型推断的驱动程序类的实例*/
  private ObjectDetector objectDetector;

  /**用于配置ObjectDetector选项的生成器*/
  private final ObjectDetectorOptions.Builder optionsBuilder;
```

```
    /**
     * 初始化用于对图像进行分类的TensorFlow会话
     * {@code-labelFilename}、{@code-inputSize}和{@code-isQuantized}不是必需的, 只是为了与
使用TFLite解释器Java API的实现保持一致
     * *@param modelFilename模型文件路径
     * *@param labelFilename标签文件路径
     * *@param inputSize图像输入的大小
     * *@param isQuantized布尔值, 表示模型是否量化
     */
    public static Detector create(
        final Context context,
        final String modelFilename,
        final String labelFilename,
        final int inputSize,
        final boolean isQuantized)
        throws IOException {
      return new TFLiteObjectDetectionAPIModel(context, modelFilename);
    }

    private TFLiteObjectDetectionAPIModel(Context context, String modelFilename) throws
IOException {
        modelBuffer = FileUtil.loadMappedFile(context, modelFilename);
        optionsBuilder = ObjectDetectorOptions.builder().setMaxResults(NUM_DETECTIONS);
        objectDetector = ObjectDetector.createFromBufferAndOptions(modelBuffer, optionsBuilder.
build());
    }

    @Override
    public List<Recognition> recognizeImage(final Bitmap bitmap) {
      //记录此方法, 以便使用systrace进行分析
      Trace.beginSection("recognizeImage");
      List<Detection> results = objectDetector.detect(TensorImage.fromBitmap(bitmap));

      // 将{@link Detection}对象列表转换为{@link Recognition}对象列表
      // 以匹配其他推理方法的接口, 例如使用TFLite Java API
      final ArrayList<Recognition> recognitions = new ArrayList<>();
      int cnt = 0;
      for (Detection detection : results) {
        recognitions.add(
            new Recognition(
                "" + cnt++,
                detection.getCategories().get(0).getLabel(),
                detection.getCategories().get(0).getScore(),
                detection.getBoundingBox()));
      }
      Trace.endSection();
      return recognitions;
    }
    @Override
```

```
public void enableStatLogging(final boolean logStats) {}

@Override
public String getStatString() {
  return "";
}
@Override
public void close() {
  if (objectDetector != null) {
    objectDetector.close();
  }
}

@Override
public void setNumThreads(int numThreads) {
  if (objectDetector != null) {
    optionsBuilder.setNumThreads(numThreads);
    recreateDetector();
  }
}

@Override
public void setUseNNAPI(boolean isChecked) {
  throw new UnsupportedOperationException(
      "在此任务中不允许操作硬件加速器, 只允许使用CPU! ");
}

private void recreateDetector() {
  objectDetector.close();
  objectDetector = ObjectDetector.createFromBufferAndOptions(modelBuffer, optionsBuilder.
build());
  }
}
```

11.3.7 lib_interpreter 方案

本项目还可以使用 lib_interpreter 方案实现物体检测和识别功能, 本方案使用 TensorFlow Lite 中的 Interpreter Java API 创建自定义识别函数。本功能主要由文件 TFLiteObjectDetectionAPIModel.java 实现, 代码如下:

```
/**内存映射资源中的模型文件 */
private static MappedByteBuffer loadModelFile(AssetManager assets, String modelFilename)
    throws IOException {
  AssetFileDescriptor fileDescriptor = assets.openFd(modelFilename);
  FileInputStream inputStream = new FileInputStream(fileDescriptor.getFileDescriptor());
  FileChannel fileChannel = inputStream.getChannel();
  long startOffset = fileDescriptor.getStartOffset();
```

```
    long declaredLength = fileDescriptor.getDeclaredLength();
    return fileChannel.map(FileChannel.MapMode.READ_ONLY, startOffset, declaredLength);
}
/**
 * 初始化用于对图像进行分类的本机TensorFlow会话
 * *@param modelFilename模型文件路径
 * *@param labelFilename标签文件路径
 * *@param inputSize图像输入的大小
 * *@param isQuantized布尔值, 表示模型是否量化
 */
public static Detector create(
    final Context context,
    final String modelFilename,
    final String labelFilename,
    final int inputSize,
    final boolean isQuantized)
    throws IOException {
final TFLiteObjectDetectionAPIModel d = new TFLiteObjectDetectionAPIModel();

MappedByteBuffer modelFile = loadModelFile(context.getAssets(), modelFilename);
MetadataExtractor metadata = new MetadataExtractor(modelFile);
try (BufferedReader br =
    new BufferedReader(
        new InputStreamReader(
            metadata.getAssociatedFile(labelFilename), Charset.defaultCharset()))) {
  String line;
  while ((line = br.readLine()) != null) {
    Log.w(TAG, line);
    d.labels.add(line);
  }
}

d.inputSize = inputSize;

try {
  Interpreter.Options options = new Interpreter.Options();
  options.setNumThreads(NUM_THREADS);
  options.setUseXNNPACK(true);
  d.tfLite = new Interpreter(modelFile, options);
  d.tfLiteModel = modelFile;
  d.tfLiteOptions = options;
} catch (Exception e) {
  throw new RuntimeException(e);
}

d.isModelQuantized = isQuantized;
//预先分配缓冲区
int numBytesPerChannel;
if (isQuantized) {
```

```
        numBytesPerChannel = 1; //量化
    } else {
        numBytesPerChannel = 4; //浮点数
    }
  d.imgData = ByteBuffer.allocateDirect(1 * d.inputSize * d.inputSize * 3 * numBytesPerChannel);
  d.imgData.order(ByteOrder.nativeOrder());
  d.intValues = new int[d.inputSize * d.inputSize];

  d.outputLocations = new float[1][NUM_DETECTIONS][4];
  d.outputClasses = new float[1][NUM_DETECTIONS];
  d.outputScores = new float[1][NUM_DETECTIONS];
  d.numDetections = new float[1];
  return d;
}

@Override
public List<Recognition> recognizeImage(final Bitmap bitmap) {
    //记录此方法，以便使用systrace进行分析
    Trace.beginSection("recognizeImage");

    Trace.beginSection("preprocessBitmap");
    //根据提供的参数，将图像数据从0-255 int预处理为标准化浮点
    bitmap.getPixels(intValues, 0, bitmap.getWidth(), 0, 0, bitmap.getWidth(), bitmap.
getHeight());

    imgData.rewind();
    for (int i = 0; i < inputSize; ++i) {
      for (int j = 0; j < inputSize; ++j) {
        int pixelValue = intValues[i * inputSize + j];
        if (isModelQuantized) {
            //量化模型
            imgData.put((byte) ((pixelValue >> 16) & 0xFF));
            imgData.put((byte) ((pixelValue >> 8) & 0xFF));
            imgData.put((byte) (pixelValue & 0xFF));
        } else { // Float model
            imgData.putFloat((((pixelValue >> 16) & 0xFF) - IMAGE_MEAN) / IMAGE_STD);
            imgData.putFloat((((pixelValue >> 8) & 0xFF) - IMAGE_MEAN) / IMAGE_STD);
            imgData.putFloat(((pixelValue & 0xFF) - IMAGE_MEAN) / IMAGE_STD);
        }
      }
    }
    Trace.endSection(); //预处理位图

    //将输入数据复制到TensorFlow中
    Trace.beginSection("feed");
    outputLocations = new float[1][NUM_DETECTIONS][4];
    outputClasses = new float[1][NUM_DETECTIONS];
    outputScores = new float[1][NUM_DETECTIONS];
    numDetections = new float[1];
```

```
Object[] inputArray = {imgData};
Map<Integer, Object> outputMap = new HashMap<>();
outputMap.put(0, outputLocations);
outputMap.put(1, outputClasses);
outputMap.put(2, outputScores);
outputMap.put(3, numDetections);
Trace.endSection();

//运行推断调用
Trace.beginSection("run");
tfLite.runForMultipleInputsOutputs(inputArray, outputMap);
Trace.endSection();

//显示最佳检测结果
//将其缩放回输入大小后,需要使用输出中的检测数,而不是顶部声明的NUM_DETECTONS变量
//因为在某些模型上,它们并不总是输出相同的检测总数
//例如,模型的NUM_DETECTIONS=20,但有时它只输出16个预测
//如果不使用输出的numDetections,将获得无意义的数据
int numDetectionsOutput =
    min(
        NUM_DETECTIONS,
        (int) numDetections[0]); //从浮点转换为整数,使用最小值以确保安全

final ArrayList<Recognition> recognitions = new ArrayList<>(numDetectionsOutput);
for (int i = 0; i < numDetectionsOutput; ++i) {
  final RectF detection =
      new RectF(
          outputLocations[0][i][1] * inputSize,
          outputLocations[0][i][0] * inputSize,
          outputLocations[0][i][3] * inputSize,
          outputLocations[0][i][2] * inputSize);

  recognitions.add(
      new Recognition(
          "" + i, labels.get((int) outputClasses[0][i]), outputScores[0][i], detection));
}
Trace.endSection();
return recognitions;
}
```

上述两种方案的识别文件都是 Detector.java, 功能是调用各自方案下面的文件 TFLiteObjectDetectionAPI
Model.java 实现具体的识别功能, 代码如下:

```
/**与不同识别引擎交互的通用接口 */
public interface Detector {
  List<Recognition> recognizeImage(Bitmap bitmap);
  void enableStatLogging(final boolean debug);
  String getStatString();
```

```java
void close();
void setNumThreads(int numThreads);
void setUseNNAPI(boolean isChecked);
/**检测器返回一个不变的结果，描述识别的内容 */
public class Recognition {
  /**
   * 已识别内容的唯一标识符。特定于类，而不是对象的实例
   */
  private final String id;

  /** 用于识别的显示名称 */
  private final String title;

  /**
   * 识别度相对于其他可能性的可排序分数，分数越高越好
   */
  private final Float confidence;

  /**源图像中用于识别对象位置的可选位置 */
  private RectF location;

  public Recognition(
      final String id, final String title, final Float confidence, final RectF location) {
    this.id = id;
    this.title = title;
    this.confidence = confidence;
    this.location = location;
  }
  public String getId() {
    return id;
  }
  public String getTitle() {
    return title;
  }

  public Float getConfidence() {
    return confidence;
  }
  public RectF getLocation() {
    return new RectF(location);
  }
  public void setLocation(RectF location) {
    this.location = location;
  }
  @Override
  public String toString() {
    String resultString = "";
    if (id != null) {
      resultString += "[" + id + "] ";
```

```
    }
    if (title != null) {
      resultString += title + " ";
    }
    if (confidence != null) {
      resultString += String.format("(%.1f%%) ", confidence * 100.0f);
    }
    if (location != null) {
      resultString += location + " ";
    }
    return resultString.trim();
  }
 }
}
```

到此为止，整个项目工程全部开发完毕。单击 Android Studio 顶部的运行按钮运行本项目，在 Android 设备中将会显示执行效果。在屏幕上方显示相机预览窗口，并实时显示相机中物体的识别结果，在屏幕下方显示悬浮式的系统配置参数。执行效果如图 11-3 所示。

图 11-3　执行效果

selecting at the end -add back the deselected mirror modifier object
or_ob.select= 1
fier_ob.select=1
context.scene.objects.active = modifier_ob
t("Selected" + str(modifier_ob)) # modifier ob is the active ob
mirror_ob.select = 0
   bpy.context.selected_objects[0]
.data.objects[one.name].select = 1

print("please select exactly two objects, the last one gets the modifier

--- OPERATOR CLASSES ---

第 12 章

智能客服系统

经过本书上一章内容的学习，已经了解了使用 TensorFlow Lite 实现物体检测识别的知识。在本章的内容中，将通过一个智能客服系统的实现过程，详细讲解使用 TensorFlow Lite 开发大型软件项目的过程，包括项目的架构分析、创建模型和具体实现等知识。

12.1　系统介绍

扫码观看本节视频讲解

本智能客服系统是基于智能回复模型实现的，能够基于用户输入的聊天消息生成回复建议。该建议主要是依据上下文中的相关内容进行响应，帮助用户快速回复用户输入的文本消息。智能回复是上下文相关的一键式回复，可帮助用户高效、轻松地回复收到的短信（或电子邮件）。智能回复在包括 Gmail、Inbox 和 Allo 在内的多个 Google 产品中都非常成功。

本项目的具体结构如图 12-1 所示。

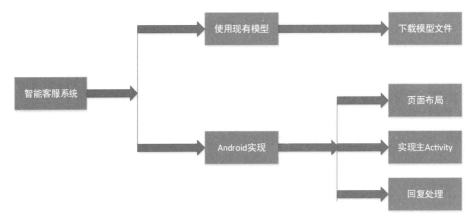

图 12-1　项目结构

12.2　准备模型

扫码观看本节视频讲解

本项目使用的是 TensorFlow 官方提供的现成的模型，大家可以登录 TensorFlow 官方网站下载模型文件 smartreply.tflite。

12.2.1　模型介绍

移动设备上的智能回复模型针对文本聊天应用场景，具有与基于云的同类产品完全不同的架构，专为内存限制设备（如手机和手表）而构建。本智能客服系统已成功用于在 Android Wear 上向所有的第一方和第三方应用程序提供智能回复。

本项目所使用的模型有如下几个好处。

- 更快：模型驻留在设备上，不需要连接互联网，因此推理速度非常快，平均延迟只有几毫秒。
- 资源高效：该模型在设备上占用的内存很小。
- 隐私友好：用户数据永远不会离开设备，这消除了任何隐私限制。

12.2.2　下载模型文件

开发者可以在 TensorFlow 官方网站下载这个模型，下载地址如下：

https://tensorflow.google.cn/lite/examples/smart_reply/overview?hl=zh_cn

也可以在项目文件 build.gradle 中设置下载模型文件的 URL 地址，对应代码如下：

```
ext {
    LITE_MODEL_URL = 'https://storage.googleapis.com/download.tensorflow.org/models/
tflite/smartreply/smartreply.tflite'
    LITE_MODEL_NAME = 'smartreply.tflite'
    LITE_MODEL_DIRS = [
            "$projectDir/src/main/assets",
            "$projectDir/libs/cc/testdata",
    ]

    AAR_URL = 'https://storage.googleapis.com/download.tensorflow.org/models/tflite/smartreply/
smartreply_runtime_aar.aar'
    AAR_PATH = "$projectDir/libs/smartreply_runtime_aar.aar"
```

12.3　Android 智能客服回复器

准备好 TensorFlow Lite 模型后，接下来将使用这个模型开发一个 Android 智能客服系统。

扫码观看本节视频讲解

12.3.1　准备工作

（1）使用 Android Studio 导入本项目源码工程 smart_reply，如图 12-2 所示。

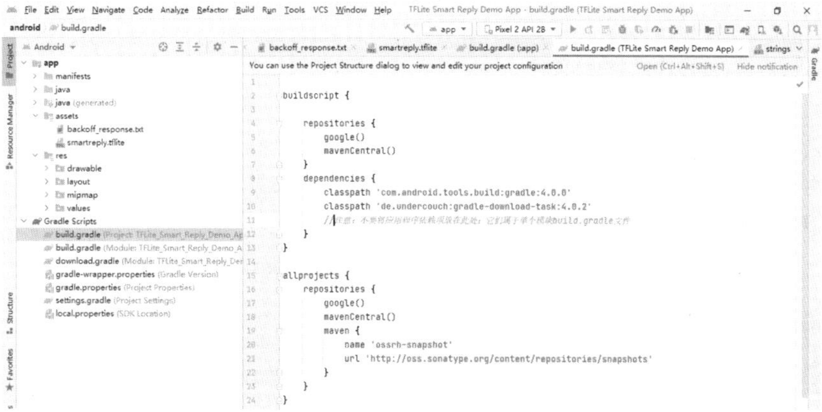

图 12-2　导入工程

（2）更新 build.gradle。

打开 app 模块中的文件 build.gradle，分别设置 Android 的编译版本和运行版本，设置需要使用的库文件，添加对 TensorFlow Lite 模型库的引用。代码如下：

```
apply plugin: 'com.android.application'
apply plugin: 'de.undercouch.download'

android {
    compileSdkVersion 28
    defaultConfig {
        applicationId "org.tensorflow.lite.examples.smartreply.SmartReply"
        minSdkVersion 19
        targetSdkVersion 28
        versionCode 1
        versionName "1.0"
        ndk {
            abiFilters 'armeabi-v7a', 'arm64-v8a', 'x86', 'x86_64'
        }
        testInstrumentationRunner "androidx.test.runner.AndroidJUnitRunner"
    }

    aaptOptions {
        noCompress "tflite"
    }

    buildTypes {
        release {
            minifyEnabled false
            proguardFiles getDefaultProguardFile('proguard-android-optimize.txt'),
'proguard-rules.pro'
        }
    }

    compileOptions {
        sourceCompatibility '1.8'
        targetCompatibility '1.8'
    }

    repositories {
        mavenCentral()
        maven {
            name 'ossrh-snapshot'
            url 'http://oss.sonatype.org/content/repositories/snapshots'
        }
        flatDir {
            dirs 'libs'
        }
```

```
    }
}

//下载预构建的AAR和TFLite模型
apply from: 'download.gradle'

dependencies {
    implementation fileTree(dir: 'libs', include: ['*.jar', '*.aar'])
    //支持库
    implementation 'com.google.guava:guava:28.1-android'
    implementation 'androidx.appcompat:appcompat:1.1.0'
    implementation 'androidx.constraintlayout:constraintlayout:1.1.3'

    implementation 'org.tensorflow:tensorflow-lite:0.0.0-nightly-SNAPSHOT'

    testImplementation 'junit:junit:4.12'
    testImplementation 'androidx.test:core:1.2.0'
    testImplementation 'org.robolectric:robolectric:4.3.1'
}
```

12.3.2　页面布局

本项目主界面的页面布局文件是 tfe_sr_main_activity.xml，功能是在 Android 屏幕下方显示文本输入框和"发送"按钮，在屏幕上方显示系统自动回复的文本内容。文件 tfe_sr_main_activity.xml 的具体实现代码如下：

```
<androidx.constraintlayout.widget.ConstraintLayout
    xmlns:android="http://schemas.android.com/apk/res/android"
    xmlns:app="http://schemas.android.com/apk/res-auto"
    xmlns:tools="http://schemas.android.com/tools"
    android:layout_width="match_parent"
    android:layout_height="match_parent"
    android:layout_margin="@dimen/tfe_sr_activity_margin"
    tools:context=".MainActivity">

    <ScrollView
        android:id="@+id/scroll_view"
        android:layout_width="match_parent"
        android:layout_height="0dp"
        app:layout_constraintTop_toTopOf="parent"
        app:layout_constraintBottom_toTopOf="@+id/message_input">

        <TextView
            android:id="@+id/message_text"
            android:layout_width="match_parent"
```

```
                    android:layout_height="wrap_content" />
            </ScrollView>

            <EditText
                android:id="@+id/message_input"
                android:layout_width="0dp"
                android:layout_height="wrap_content"
                android:hint="@string/tfe_sr_edit_text_hint"
                android:inputType="textNoSuggestions"
                android:importantForAutofill="no"
                app:layout_constraintBaseline_toBaselineOf="@+id/send_button"
                app:layout_constraintEnd_toStartOf="@+id/send_button"
                app:layout_constraintStart_toStartOf="parent"
                app:layout_constraintBottom_toBottomOf="parent" />

            <Button
                android:id="@+id/send_button"
                android:layout_width="wrap_content"
                android:layout_height="wrap_content"
                android:text="@string/tfe_sr_button_send"
                app:layout_constraintBottom_toBottomOf="parent"
                app:layout_constraintEnd_toEndOf="parent"
                app:layout_constraintStart_toEndOf="@+id/message_input"
                />
        </androidx.constraintlayout.widget.ConstraintLayout>
```

12.3.3　实现主 Activity

本项目的主 Activity 功能是由文件 MainActivity.java 实现的，功能是调用前面的布局文件 tfe_sr_main_activity.xml，监听用户是否单击"发送"按钮。如果单击了"发送"按钮，则执行函数 send()，调用智能回复模块显示回复信息。文件 MainActivity.java 的具体实现代码如下：

```
/**
 *显示一个文本框，该文本框在收到输入的消息时更新
 */
public class MainActivity extends AppCompatActivity {
  private static final String TAG = "SmartReplyDemo";
  private SmartReplyClient client;

  private TextView messageTextView;
  private EditText messageInput;
  private ScrollView scrollView;

  private Handler handler;
```

```
  @Override
  protected void onCreate(Bundle savedInstanceState) {
    super.onCreate(savedInstanceState);
    Log.v(TAG, "onCreate");
    setContentView(R.layout.tfe_sr_main_activity);

    client = new SmartReplyClient(getApplicationContext());
    handler = new Handler();

    scrollView = findViewById(R.id.scroll_view);
    messageTextView = findViewById(R.id.message_text);
    messageInput = findViewById(R.id.message_input);
    messageInput.setOnKeyListener(
        (view, keyCode, keyEvent) -> {
        if (keyCode == KeyEvent.KEYCODE_ENTER && keyEvent.getAction() == KeyEvent.ACTION_
UP) {
            //当按下键盘上的Enter键时发送消息
            send(messageInput.getText().toString());
            return true;
          }
          return false;
        });
    Button sendButton = findViewById(R.id.send_button);
    sendButton.setOnClickListener((View v) -> send(messageInput.getText().toString()));
  }

  @Override
  protected void onStart() {
    super.onStart();
    Log.v(TAG, "onStart");
    handler.post(
        () -> {
          client.loadModel();
        });
  }

  @Override
  protected void onStop() {
    super.onStop();
    Log.v(TAG, "onStop");
    handler.post(
        () -> {
          client.unloadModel();
        });
  }

  private void send(final String message) {
    handler.post(
```

```
() -> {
  StringBuilder textToShow = new StringBuilder();
  textToShow.append("Input: ").append(message).append("\n\n");

  //从模型中获取建议的回复内容
  SmartReply[] ans = client.predict(new String[] {message});
  for (SmartReply reply : ans) {
    textToShow.append("Reply: ").append(reply.getText()).append("\n");
  }
  textToShow.append("------").append("\n");
  runOnUiThread(
      () -> {
        //在屏幕上显示消息和建议的回复内容
        messageTextView.append(textToShow);

        //清除输入框
        messageInput.setText(null);

        //滚动到底部以显示最新条目的回复结果
        scrollView.post(() -> scrollView.fullScroll(View.FOCUS_DOWN));
      });
    });
  }
}
```

12.3.4 智能回复处理

当用户在文本框中输入文本并单击"发送"按钮后，会执行回复处理程序，在屏幕上方显示智能回复信息。整个回复处理程序是由如下 3 个文件实现的。

（1）文件 AssetsUtil.java：功能是从资源目录 assets 加载模型文件，具体实现代码如下：

```
public class AssetsUtil {

  private AssetsUtil() {}

  /**
   *直接获取指定路径的AssetFileDescriptor，或通过缓存压缩路径返回其副本
   */
  public static AssetFileDescriptor getAssetFileDescriptorOrCached(
      Context context, String assetPath) throws IOException {
    try {
      return context.getAssets().openFd(assetPath);
    } catch (FileNotFoundException e) {
      //如果无法从asset（可能是压缩的）目录读取文件，请尝试复制到缓存文件夹并重新加载
      File cacheFile = new File(context.getCacheDir(), assetPath);
      cacheFile.getParentFile().mkdirs();
```

```
      copyToCacheFile(context, assetPath, cacheFile);
      ParcelFileDescriptor cachedFd = ParcelFileDescriptor.open(cacheFile, MODE_READ_
ONLY);
      return new AssetFileDescriptor(cachedFd, 0, cacheFile.length());
    }
  }
  private static void copyToCacheFile(Context context, String assetPath, File cacheFile)
      throws IOException {
    try (InputStream inputStream = context.getAssets().open(assetPath, ACCESS_BUFFER);
        FileOutputStream fileOutputStream = new FileOutputStream(cacheFile, false)) {
      ByteStreams.copy(inputStream, fileOutputStream);
    }
  }
}
```

（2）文件 SmartReplyClient.java：功能是将用户输入的文本作为输入，然后使用加载的模型实现预测处理。文件 SmartReplyClient.java 的具体实现代码如下：

```
/**用于加载TFLite模型并提供预测的接口 */
public class SmartReplyClient implements AutoCloseable {
  private static final String TAG = "SmartReplyDemo";
  private static final String MODEL_PATH = "smartreply.tflite";
  private static final String BACKOFF_PATH = "backoff_response.txt";
  private static final String JNI_LIB = "smartreply_jni";

  private final Context context;
  private long storage;
  private MappedByteBuffer model;

  private volatile boolean isLibraryLoaded;

  public SmartReplyClient(Context context) {
    this.context = context;
  }

  public boolean isLoaded() {
    return storage != 0;
  }

  @WorkerThread
  public synchronized void loadModel() {
    if (!isLibraryLoaded) {
      System.loadLibrary(JNI_LIB);
      isLibraryLoaded = true;
    }
    try {
      model = loadModelFile();
      String[] backoff = loadBackoffList();
```

```
        storage = loadJNI(model, backoff);
      } catch (IOException e) {
        Log.e(TAG, "Fail to load model", e);
        return;
      }
    }

    @WorkerThread
    public synchronized SmartReply[] predict(String[] input) {
      if (storage != 0) {
        return predictJNI(storage, input);
      } else {
        return new SmartReply[] {};
      }
    }

    @WorkerThread
    public synchronized void unloadModel() {
      close();
    }

    @Override
    public synchronized void close() {
      if (storage != 0) {
        unloadJNI(storage);
        storage = 0;
      }
    }

    private MappedByteBuffer loadModelFile() throws IOException {
      try (AssetFileDescriptor fileDescriptor =
              AssetsUtil.getAssetFileDescriptorOrCached(context, MODEL_PATH);
          FileInputStream inputStream = new FileInputStream(fileDescriptor.getFileDescriptor())))
{
        FileChannel fileChannel = inputStream.getChannel();
        long startOffset = fileDescriptor.getStartOffset();
        long declaredLength = fileDescriptor.getDeclaredLength();
          return fileChannel.map(FileChannel.MapMode.READ_ONLY, startOffset,
declaredLength);
      }
    }

    private String[] loadBackoffList() throws IOException {
      List<String> labelList = new ArrayList<String>();
      try (BufferedReader reader =
          new BufferedReader(new InputStreamReader(context.getAssets().open(BACKOFF_
PATH)))) {
        String line;
```

```
    while ((line = reader.readLine()) != null) {
      if (!line.isEmpty()) {
        labelList.add(line);
      }
    }
  }
  String[] ans = new String[labelList.size()];
  labelList.toArray(ans);
  return ans;
}
@Keep
private native long loadJNI(MappedByteBuffer buffer, String[] backoff);

@Keep
private native SmartReply[] predictJNI(long storage, String[] text);

@Keep
private native void unloadJNI(long storage);
}
```

（3）文件 SmartReply.java：根据预测结果的分数由高到低列表显示多行文本，每一行文本都是一种智能回复方案。文件 SmartReply.java 的具体实现代码如下：

```
/**
 * SmartReply包含预测的回复信息
 * *<p>注意：不应该混淆JNI使用的这个类、类名和构造函数
 */
@Keep
public class SmartReply {

  private final String text;
  private final float score;

  @Keep
  public SmartReply(String text, float score) {
    this.text = text;
    this.score = score;
  }

  public String getText() {
    return text;
  }

  public float getScore() {
    return score;
  }
}
```

到此为止，整个项目工程全部开发完毕。单击 Android Studio 顶部的运行按钮运行本项目，在

Android 设备中将会显示执行效果。在 Android 屏幕下方显示文本输入框和"发送"按钮，在屏幕上方显示系统自动回复的文本内容。例如，输入"how many"后的执行效果如图 12-3 所示。

图 12-3　执行效果